A LA MÉMOIRE

DE

M. F. DE MONTRICHER.

(C.)

Les planches manquent.
Voy. Réclamat. administrative du 19 févr. 1862.

TRAVAUX

HYDRAULIQUES MARITIMES.

TRAVAUX
HYDRAULIQUES MARITIMES.

OUVRAGE DESCRIPTIF

DE

L'INSTALLATION DES CHANTIERS POUR L'EXPLOITATION DES BLOCS NATURELS, LA CONFECTION DES BLOCS ARTIFICIELS ET L'IMMERSION DE CES DEUX ESPÈCES DE BLOCS.

INSTALLATION

AYANT SERVI A LA CONSTRUCTION DE LA GRANDE JETÉE DU LARGE DU BASSIN NAPOLÉON, (PORT DE MARSEILLE.)

Par MM. LATOUR et GASSEND.

MARSEILLE,

IMPRIMERIE ET LITHOGRAPHIE DE JULES BARILE,
Rue Paradis, 13.

1860.
1861

INTRODUCTION.

Aperçu sur les Grands Travaux Maritimes. — But de l'Ouvrage. — Sa Division.

L'intérêt commercial, on ne saurait le méconnaître, tend aujourd'hui à dominer de plus en plus la politique.

Protéger, satisfaire par tous les moyens possibles ce puissant intérêt devient, en effet, une des plus vives préoccupations de ceux qui dirigent et règlent l'activité publique.

Cette sollicitude spéciale, si juste d'ailleurs, se manifeste principalement par le soin qu'apportent la plupart des Etats à accroître leur marine et à seconder les progrès de la navigation.

Parmi les gouvernements de l'Europe, il en est à présent bien peu qui ne fassent, dans la limite de leurs ressources, de très louables efforts à cet égard : tous comprennent, du moins, quel précieux stimulant le concours de l'autorité publique peut offrir à l'industrie privée, en facilitant l'échange des produits nationaux. Assurément, la France en particulier, dont le commerce a pris dans ces derniers temps un si merveilleux essor, favorise ce développement de toute la puissance de ses facultés. Au surplus, chez nous cette protection intelligente ne date pas d'hier : à toutes les époques, nous avons eu de vrais hommes d'Etat qui ont dignement soutenu la puissance navale d'une contrée baignée par quatre mers et en possession d'une immense étendue de côtes maritimes. Seulement, lorsque l'on compare les établissements anciens avec ceux que l'on fait de nos jours, on ne peut disconvenir que ces derniers ont une importance relative beaucoup plus considérable ; importance vraiment étonnante qu'expliquent l'extension prodigieuse de nos relations commerciales et la multiplicité des besoins nouveaux, nés de leur immense accroissement. Il est juste aussi de dire, pour ne point amoindrir le mérite des anciens constructeurs, qu'à l'époque où remontent leurs créations, la science n'avait pas encore mis à la disposition des praticiens ces puissants moyens mécaniques qu'on applique avec succès dans les constructions modernes.

Parmi les grands travaux exécutés de nos jours en vue d'assurer à la navigation des abris sûrs et commodes, il en est quelques-uns où se montrent plus que dans tous les autres les admirables progrès de l'art : ce sont le port d'Alger, les bassins de Cherbourg et ceux de Marseille. De ces œuvres vraiment gigantesques, la première est achevée depuis une quinzaine d'années ; quelques mois nous séparent à peine des fêtes magnifiques qui ont inauguré la deuxième ; l'autre, non moins grandiose, se poursuit à cette heure sous nos yeux.

Comme œuvres modernes, chacun de ces grands travaux mérite, au plus haut degré, de fixer l'attention publique. Mais un intérêt tout particulier s'attache à la construction des bassins de Marseille. Cet intérêt résulte, non seulement de la fondation et de la forme des ouvrages, mais surtout de la nouveauté du système d'installation des chantiers et de l'application ingénieuse qui y est faite de la vapeur et de l'électricité. Rien de plus utile, en effet, que de connaître comment par l'emploi de ces deux forces toutes puissantes, on y maîtrise les grands obstacles, en même temps qu'on y abrège le travail, comment aussi avec une notable économie de temps et d'argent, on y obtient, ce qui est bien précieux dans des constructions de cette nature, des conditions manifestes de solidité et de précision.

Frappés des avantages considérables que présente, au point de vue pratique, l'installation qu'il nous a été permis d'examiner et d'étudier dans tous ses détails, nous avons jugé opportun de propager des innovations intelligentes et hardies tout à la fois, dont quelques-unes peuvent être considérées comme de véritables découvertes, et dont l'ensemble lui-même offre une série de conceptions ingénieuses, attestant une rare habileté et une parfaite entente de l'organisation productive des chantiers.

Déterminer par cet aperçu la véritable portée et le but de notre publication, c'est dire que nous ne prétendons rien au-delà. Ce n'est point un édifice que nous voulons élever, ainsi que l'ont fait de savants ingénieurs devenus les historiens de leurs magnifiques travaux : notre œuvre est à proprement parler un manuel pratique d'indications claires et précises, frappant les yeux et l'intelligence, matérialisées qu'elles sont par des dessins relevés avec soin et mettant le praticien en présence du fait.

On pourrait croire que notre ouvrage, dont l'idée nous a été suggérée par une installation particulière, n'est utile que pour les travaux mêmes en vue desquels cette installation a été primitivement conçue. Nous ferons observer, à cet égard, que notre description a été conduite de manière à guider les constructeurs pour toute espèce d'installation, c'est-à-dire que dans la description de chacune des manœuvres exécutées dans les chantiers, nous nous sommes efforcés de faire ressortir celles d'entre elles dont l'application peut être généralisée.

Nous n'avons pas oublié cependant tout ce que nous devions à la localité qui nous a fourni de si précieuses indications, et nous avons pensé qu'il ne serait pas sans intérêt ni sans utilité pour nos lecteurs de connaître la situation actuelle du port de Marseille, ainsi que les projets grandioses préparés en vue de mettre ce grand centre commercial à la hauteur de ses destinées. C'est dans ce but qu'a été dressée la planche n° 1. Nous invitons le lecteur à s'y reporter s'il veut suivre avec fruit la digression suivante :

Marseille, appelée avec raison la reine de la Méditerranée, a de tout temps fixé l'attention des divers gouvernements qui se sont succédé en France depuis un demi siècle.

Son port, centre presque exclusif de nos relations avec le Levant et avec tous les bords du bassin de la Méditerranée, où se fait, dans ses rapports avec nos colonies et avec les contrées étrangères, le cinquième (1) du

(1) Rapport de M. Thouvenel, ministre des affaires étrangères, publié au *Moniteur* en février 1860, et relatif aux importations qui ont eu lieu dans toute la France en 1859. Sur un total de 1,600,800,000 tonnes, Marseille, à elle seule, figure pour un chiffre de 300,100,000 tonnes.

commerce maritime de la France, est appelé à une incalculable prospérité par les nouveaux débouchés qui tendent à s'ouvrir vers l'extrême Orient et dans les parties les plus reculées du Globe.

Exécuter à Marseille ce qui est nécessaire à son importance commerciale, c'est faire preuve d'une entente judicieuse des intérêts généraux du pays ; c'est, en même temps, attester un sentiment vif et élevé de la grandeur nationale.

Le gouvernement, depuis nombre d'années, a eu à cœur de remplir dignement cette tâche essentielle.

En 1830, Marseille ne possédait qu'un bassin intérieur présentant une surface d'eau parfaitement abritée, mais entourée de quais étroits et d'une longueur restreinte. L'établissement d'une colonie française en Algérie augmenta considérablement les opérations du commerce et fit ressortir l'insuffisance de ce port.

On y suppléa d'abord par le développement des quais ; mais peu de temps après il fallut songer à créer de nouveaux abris, et c'est alors que fut résolue la construction du bassin de la Joliette, placé en face de la rade et au nord de l'ancien bassin.

Ce travail considérable, qui n'a pas coûté moins de quatorze millions de francs, entrepris en 1845, n'a été complètement achevé qu'en 1854.

Le bassin de la Joliette présente une surface d'eau de 22 hectares et une longueur de quais de 2100 mètres. Il a été formé par une jetée établie au large sur un fond moyen de 11^m 50, et par deux autres jetées transversales entre lesquelles on a ménagé un vide spacieux pour l'entrée et la sortie des navires.

On aurait pu croire qu'une pareille addition serait de nature à satisfaire toutes les exigences du commerce de Marseille ; mais à peine ce bassin était-il terminé que des craintes sérieuses se manifestaient sur son insuffisance. La crise alimentaire de 1856 vint justifier cette appréhension. A cette époque, l'affluence des navires fut telle, que nonobstant les mesures prises pour utiliser sans encombre les surfaces d'eau des deux bassins, on fut dans la nécessité de faire stationner dans le port sanitaire du Frioul plus de deux cents bâtiments qui y attendirent leur tour d'entrée.

Cet encombrement, cette gêne excessive, qui augmentèrent encore pendant l'expédition de Crimée, déterminèrent le gouvernement à faire étudier un ensemble de travaux maritimes en rapport avec les besoins présents et futurs du commerce et de la navigation.

Tous ces projets, élaborés par d'habiles ingénieurs, sont sommairement indiqués sur la première planche de l'Atlas.

Au nord, ce sont : 1° de vastes bassins faisant suite à celui de la Joliette et s'étendant parallèlement à la côte sur une longueur de plus de 2400 mètres ; 2° de nombreux bassins de radoub ; 3° un dock-entrepôt attenant à ces bassins.

Au sud, les prévisions sont entendues avec le même esprit de grandeur : une jetée, enracinée sur les rochers du Pharo et se dirigeant vers le musoir qui termine le côté extérieur de l'avant-port sud du bassin de la Joliette, est destinée à transformer en un bassin tout-à-fait abrité le grand espace qui forme aujourd'hui la passe commune des deux ports. Au-delà, on a l'intention de créer un nouveau bassin sur le littoral des Catalans et de construire diverses digues destinées à relier les récifs qui rendent les abords de ce côté de la rade assez difficiles.

Enfin, cet ensemble de travaux est en quelque sorte enveloppé par un immense brise-lame établi à deux kilomètres environ des bassins, lequel aurait pour effet, de couvrir tous les ouvrages contre la fureur des vagues, de les mettre à l'abri d'un coup de main, et de former une rade à la fois sûre et commode pour les navires de haut-bord.

Il serait inexact de supposer que ces conceptions grandioses sont destinées à rester à l'état de projet. Le gouvernement, qui suit avec sollicitude la marche progressive du commerce, s'est montré favorable à l'exécution de ces divers plans, et ce qui le prouve, c'est l'approbation qu'il a donnée à l'exécution du bassin Napoléon, qui n'est qu'un extrait de l'ensemble des dispositions adoptées en principe pour l'agrandissement du port de Marseille.

La construction du bassin Napoléon a été résolue en 1856. Ce bassin forme une des nombreuses annexes projetées au nord du bassin de la Joliette : comme ce dernier, il sera protégé du côté du large par une grande jetée, et présentera une superficie de 40 hectares, entourée de quais ayant un développement de 3500 mètres. Une partie de cette superficie sera occupée par un dock-entrepôt ; l'autre partie sera, dit-on, plus particulièrement affectée au stationnement des nombreux bateaux à vapeur qui fréquentent le port de Marseille.

La planche n° 1 dont nous venons de faire une description sommaire contient, en dehors des travaux maritimes, quelques indications sur les principaux projets que l'autorité municipale de Marseille exécute, ou est sur le point d'exécuter, pour seconder les vues du gouvernement et pour préparer l'avenir de la ville.

En face des nouveaux ports se trouve la nouvelle cité maritime établie sur l'emplacement de l'ancien Lazaret et dont le sol a été aliéné à la Compagnie anonyme des Ports représentée par M. Mirès.

Au sud de la nouvelle cité, nous avons indiqué le vieux Marseille avec le projet de rénovation dont il a été l'objet dans ces derniers temps. En un mot, nous avons réuni sur cette planche tout ce qui nous a paru propre à donner une idée exacte de la position des travaux formant le sujet de notre publication.

Nous dirons, à la fin de cette introduction, ce qui a été déjà dit en commençant : notre but principal, en entreprenant un travail de cette nature, a été de faire ressortir le côté véritablement pratique de l'exécution des travaux ; nous nous sommes appliqués, dès-lors, à établir le parallèle des anciens procédés et des nouveaux, et à mettre en évidence, à l'aide de calculs raisonnés, les avantages des derniers moyens sur les premiers.

Ces comparaisons, faites avec la plus scrupuleuse impartialité, permettront aux constructeurs d'apprécier l'opportunité des changements qu'ils jugeront convenable d'apporter à leur système d'installation. Ils auront d'autant plus de confiance dans les moyens dont la supériorité aura été reconnue, que cette démonstration, loin de reposer sur la simple spéculation, a pour elle le double fondement de l'observation et de l'expérience.

L'ouvrage est divisé en quatre sections :

La première comprend une analyse sommaire de l'entreprise adjugée pour la construction du bassin Napoléon.

La deuxième se rapporte à tout ce qui a trait à l'exploitation des blocs naturels et à leur embarquement sur les chalands.

La troisième est relative à la confection des blocs artificiels en béton et à leur chargement.

Enfin, la quatrième section comprend toutes les opérations se rapportant à l'immersion des blocs de toute nature, soit pour la confection de la jetée, soit pour la construction des quais.

Cette division qui a permis d'expliquer avec ordre les diverses parties de l'installation, était naturellement indiquée par l'organisation même des chantiers. En fait, l'installation se compose de trois groupes parfaitement distincts, soit comme personnel, soit comme machines et engins. Le premier groupe est uniquement destiné à l'exploitation des blocs naturels, le second à la fabrication des blocs artificiels, et le troisième, servant de complément aux deux autres, à la mise en place des blocs extraits ou fabriqués.

Nous serions heureux si notre publication réalisait, spécialement pour les constructeurs, le but d'utilité que nous nous sommes proposé.

SECTION PREMIÈRE.

ANALYSE SOMMAIRE DE L'ENTREPRISE RELATIVE A LA CONSTRUCTION DE LA JETÉE DU LARGE DU BASSIN NAPOLÉON.

CHAPITRE PREMIER

Indication générale des Travaux.

Ainsi qu'on l'a fait observer dans l'exposé qui précède, le gouvernement décidé à donner une grande extension aux travaux maritimes de Marseille, a fait étudier un plan d'ensemble comprenant tous les ouvrages qu'il serait utile d'exécuter pour mettre le port de cette ville à la hauteur de ses destinées commerciales. Pl. I.

Parmi les travaux projetés figurait, en première ligne, la construction d'un vaste bassin à la suite de celui de la *Joliette* et auquel on a donné le nom de bassin *Napoléon*, afin de rappeler aux futures générations le règne glorieux sous lequel ces grands travaux ont été commencés.

La construction de ce bassin devra nécessiter des travaux de diverse nature, dont la dépense est évaluée à seize millions. L'administration a jugé convenable d'isoler du projet général la construction de la jetée du large, barrière protectrice du bassin, et c'est l'exécution de cet ouvrage, adjugé en 1856 à Messieurs Dussaud frères, qui a fourni matière à la présente publication.

Pl. XX.

La jetée du large, soudée à celle du bassin de la Joliette, se prolonge au nord sur une longueur de onze cents mètres et suit une direction sensiblement parallèle au rivage, à une distance de 520 mètres de la ligne tracée par les quais. Le fond sur lequel devra reposer cette jetée variera, d'après les sondages effectués, de 13 à 19 mètres de profondeur au-dessous des basses-mers ; quant à sa forme, elle est indiquée sur les profils de la planche IV.

Pl. IV.

Toutefois, comme cette indication pourrait ne pas suffire à l'intelligence des détails, on a cru devoir faire d'abord la description des lignes du dessin, et compléter ensuite cette description par des données exactes sur la nature du corps de la jetée, afin de préciser la position respective que chaque espèce de bloc doit définitivement occuper d'après le projet arrêté.

Cette dernière description sera donnée à la quatrième section de l'ouvrage, dans un chapitre exclusivement réservé à l'immersion et à la mise en place des blocs.

Voici comment a été tracée graphiquement la figure 1re de la planche IV.

Tracé graphique de la section de la grande jetée du large.

Pl. IV. Fig. 1re.

On a d'abord tiré la ligne verticale formant l'axe d'exécution, à la hauteur de deux mètres au-dessus du niveau des basses mers ; on a tracé normalement à cet axe, le massif principal ayant la forme d'un triangle isocèle coupé par une droite parallèle à la base, qu'on suppose être horizontale. La ligne supérieure de ce trapèze a une longueur de sept mètres. Cette longueur est invariable ; c'est-à-dire, indépendante de la hauteur de la jetée par rapport au fond.

Quant à l'empâtement ou soit la largeur de la base inférieure du même trapèze, elle est déterminée par les talus des côtés, dont l'inclinaison est réglée à 1/3 de base pour 1 de hauteur. Le type adopté pour le dessin correspond à une profondeur de dix-sept mètres, de sorte que la base inférieure du graud trapèze a une longueur de 57m 66.

L'intérieur de ce même trapèze est divisé en trois sections par deux lignes horizontales terminées par des talus parallèles à ceux du grand massif.

La première de ces lignes est menée à la profondeur de huit mètres au-dessous des basses mers : du côté du large, elle est prolongée jusqu'à l'aplomb de la verticale abaissée du point d'intersection de la ligne des basses mers au talus du grand trapèze, ce qui correspond à une longueur de 6m 17 à partir de l'axe; du côté intérieur, la même ligne est prolongée jusqu'à la rencontre du talus du grand massif. Elle a, dans cette direction, une longueur de 16m 83; cette dernière figure est donc un trapèze inscrit, s'appuyant sur l'un des côtés du grand trapèze qui, à sa base supérieure, comprend une longueur totale de 23 mètres, et à sa base inférieure, un développement de 47 mètres.

La seconde ligne est menée à 6 mètres en contre-bas de la précédente, soit à 14 mètres au-dessous des basses mers et conséquemment à 3 mètres au-dessus du fond. Elle est conduite à partir du côté intérieur du grand trapèze suivant une longueur de 22m 60, ce qui correspond à une distance de 2m 23 en deçà de l'axe d'exécution. La base inférieure de ce trapèze intérieur est de 30m 60.

En définitive, on voit que le corps principal de la jetée, déterminé par les lignes qu'on vient de décrire, est composé de trois massifs semblables, enveloppés l'un par l'autre. Les lignes en dehors de ce grand trapèze forment les revêtements de la jetée.

Du côté du large, le revêtement est composé de deux parties distinctes séparées par la ligne des basses mers. L'origine de la partie située au-dessous de l'eau est fixée à une distance de 10 mètres, mesurés suivant la ligne des basses mers et à partir du point où cette même ligne coupe le côté de la jetée proprement dite. L'inclinaison du talus est réglée à 45 degrés, de sorte que la distance horizontale qui mesure l'épaisseur du revêtement est réduite au fond à 4m 34.

La ligne extérieure du revêtement au-dessus de la mer est déterminée par une oblique dout le pied, fixé à l'origine du revêtement inférieur, vient aboutir à l'extrémité d'une verticale de 3m 80 de hauteur, laquelle se trouve menée à l'intersection de la ligne des basses mers avec le côté du massif. Ce premier revêtement est arrêté du côté de la jetée par une ligne tracée normalement au talus.

Du côté intérieur, il y a un double revêtement : le premier commence à deux mètres au-dessous du niveau de la mer. Il est déterminé par une ligne horizontale de 8 mètres, mesurés sur le côté de la jetée; le talus est réglé à 1 1/2 de base pour 1 de hauteur, de sorte, qu'au fond, son épaisseur mesurée horizontalement est de 10m 50.

Le second revêtement prend son origine à une profondeur de 7 mètres au-dessous des basses mers : son épaisseur horizontale en couronne est de 9 mètres, et, comme le talus est parallèle au précédent, cette épaisseur règne sur toute la hauteur. Il est donc démontré qu'en y comprenant les revêtements, la jetée, pour une profondeur de 17 mètres, présente un empâtement total de 81^{m} 50.

Telle est la description graphique de la jetée pour la construction de laquelle a été créée l'installation des chantiers dont l'indication va suivre.

CHAPITRE II.

Mode d'exécution des Travaux.

Une obligation formellement imposée aux entrepreneurs est celle de ne jamais exposer à la fureur des vagues une grande longueur d'enrochements ordinaires. Ils doivent toujours disposer d'une quantité suffisante de blocs artificiels d'enrochements pour couvrir le corps de la digue au fur et à mesure de son avancement.

Cette précaution est motivée : les blocs naturels formant le corps de la digue ne sauraient résister seuls à l'action violente de la mer, et le système, d'ailleurs, n'est mis en état de stabilité complète que par le fait du revêtement en blocs factices, le long des talus extérieurs.

La marche des travaux est, dès-lors, indiquée par la simple observation des conditions du devis.

Pl. LIII.

En principe, on doit établir au moyen de débris, provenant des carrières d'exploitation des blocs naturels, une certaine longueur qu'on appelle *premier noyau* de la jetée ; immédiatement après, ce noyau est enveloppé par des blocs naturels de petite dimension, lesquels sont, à leur tour, défendus par des blocs plus gros. Dès que ces blocs ont atteint la hauteur et l'épaisseur voulues, on immerge les blocs factices de revêtement ; de sorte qu'on travaille simultanément au revêtement, à la formation du corps de la digue par des enrochements naturels, et à l'immersion en avant du premier noyau formé exclusivement de menus moëllons.

Dimensions et poids des blocs naturels.

Les dimensions des blocs naturels varient suivant la position qu'ils doivent occuper dans le corps de la jetée. Après avoir constaté la densité du calcaire dont ils sont formés, laquelle est de 2,600, on a réglé le poids des enrochements selon la classification ci-après :

Moëllons	de 5 à 100 kilogrammes.
Blocs de 1re catégorie	de 100 à 1300 kil.
Blocs de 2e catégorie	de 1300 à 3900 kil.
Blocs de 3e catégorie	de 3900 et au-dessus.

Proportion dans laquelle les diverses catégories de ces blocs sont employées.

Quant à la proportion des volumes respectifs qui doivent entrer dans la formation de la jetée, elle est établie ainsi qu'il suit :

Moëllons	$^2/_9$
Blocs de la 1re catégorie.	$^3/_9$
Blocs de la 2e catégorie	$^2/_9$
Blocs de la 3e catégorie	$^2/_9$
TOTAL	1

Cette proportion ne résulte pas d'une manière directe du profil type auquel les entrepreneurs sont tenus de se conformer, parce que certaines parties de la jetée sont formées par des matériaux appartenant à deux catégories de blocs ; mais on sait que l'exploitation des carrières conduit à ce résultat, et que, pour l'atteindre sûrement, il ne s'agit que de faire un choix judicieux au moment de l'embarquement et de l'immersion.

Un prix spécial est affecté à chaque catégorie de blocs, et quoique les entrepreneurs aient une latitude assez grande pour faire comprendre les blocs dans telle ou telle classe, ils n'en sont pas moins tenus d'obtenir pour chacune de ces classes un poids moyen qui est :

Pour la 1re catégorie de	350 kil.
Pour la 2e catégorie de	2200 kil.
Pour la 3e catégorie de	5000 kil.

Des vérifications sont faites à ce sujet par des contrôles de pesage établis sur les lieux d'exploitation, et l'administration a la faculté, aux époques par elle déterminées, de faire passer à une classe immédiatement inférieure le nombre de blocs nécessaire pour que le poids moyen atteigne la limite réglementaire.

Blocs artificiels et indication sommaire de la proportion des éléments qui les composent.

Les blocs artificiels, destinés au revêtement de la jetée, sont exécutés en béton ou fragments de pierres liés avec du mortier composé de chaux hydraulique du Theil (Ardèche) et de sable de mer. Ils ont uniformément la figure d'un parallélipipède rectangle, dont les dimensions sont de 3^m 40 ; 2 mètres, et 1^m 50, ce qui correspond à un cube de 10 mètres.

Le béton contient deux parties de pierres cassées, appréciées en volume pour une partie de mortier.

Les pierres sont réduites par le cassage en fragments dont le volume, trop grand pour pouvoir passer dans un anneau de 3 centimètres de diamètre intérieur, est néanmoins assez petit pour un anneau de 6 centimètres.

Le mortier est employé dans la proportion de 5 parties de sable pour 3 de chaux.

CHAPITRE III.

Importance des Travaux.

Quantité des matériaux employés.

L'entreprise de Messieurs Dussaud frères, détachée, comme on l'a dit, du projet général du bassin Napoléon dont la dépense est évaluée à seize millions, n'a pour objet que la construction de la jetée du large qui doit protéger le bassin.

D'après les prévisions de l'avant-métré, la construction de cette jetée exigera l'emploi de 806920 mètres cubes d'enrochements, tant naturels qu'artificiels, lesquels se diviseront de la manière suivante :

Blocs naturels	Moëllons	157093 m.	38 c.
	1re catégorie	235639	98 c.
	2e catégorie	157093	32 c.
	3e catégorie	157093	32 c.
Blocs artificiels		100000	00
	Cube Total	806920 m.	00 c.

Dépense.

La dépense est fixée à neuf millions environ, y compris la chaux, fournie directement par l'administration et qui doit coûter 952,000 francs.

SECTION DEUXIÈME.

DÉTAILS RELATIFS A L'EXPLOITATION DES BLOCS NATURELS
ET A LEUR EMBARQUEMENT SUR LES CHALANDS.

CHAPITRE IV.

Établissement des Chantiers.

Les blocs naturels sont pris, en totalité, dans les carrières situées sur les îles *du Frioul*. Quoique ces carrières eussent été indiquées dans le devis de l'entreprise, l'administration réserva aux adjudicataires la faculté de se pourvoir sur d'autres points, conformément à ce qui s'était pratiqué lors de la construction du bassin de la Joliette. On a préféré concentrer l'exploitation, non seulement afin d'économiser des frais généraux toujours considérables dans des entreprises de cette nature, mais aussi parce que les carrières du Frioul, sous le double rapport de la nature des rochers dont elles se composent et de leur stratification, présentent pour l'exploitation des avantages qu'on ne rencontre pas dans les rochers situés dans l'intérieur des terres et sur le littoral. Carrières du Frioul. Pl. V.

On n'ignorait pas cette circonstance quand on a préparé l'exécution du bassin de la *Joliette*; mais, à cette époque, la confiance dans les grandes entreprises n'était pas encore bien établie, et l'on craignait de livrer à un seul adjudicataire la totalité des travaux, évalués à plus de dix millions de francs.

On forma plusieurs lots et, dès-lors, il devint nécessaire de donner à chaque adjudicataire le moyen de créer une exploitation indépendante. D'autre part, en subdivisant le travail, l'importance de chaque entreprise fut réduite à des proportions incompatibles avec l'installation d'un grand matériel, de sorte que, dans ces conditions, la multiplicité des points d'exploitation était chose indispensable pour assurer la marche progressivement réglée des travaux.

Aujourd'hui, la situation n'est plus la même : non seulement on a remis dans une seule main l'exécution complète d'un ouvrage presque aussi considérable que l'a été le bassin de la *Joliette*, mais encore on a favorisé l'installation d'un matériel approprié à l'importance des travaux, en faisant une avance de plus d'un million aux adjudicataires.

Ainsi s'expliquent la détermination qui a été prise pour l'exploitation unique des carrières du Frioul et les motifs qui avaient fait obstacle, jusqu'à ce jour, à l'adoption d'un système à la fois plus rationnel et plus économique.

Impuissance des mines ordinaires et nécessité des grandes mines.

On doit ajouter aussi que l'installation *du Frioul* pour l'exploitation des blocs a été l'objet d'une organisation tout-à-fait spéciale ; c'est-à-dire, qu'on a substitué aux mines ordinaires le système des grands abattages par les *mines monstres*, et qu'on a multiplié les points d'attaque, de manière à fournir largement à l'activité demandée.

Les montagnes du Frioul attaquées sur 3 points différents. Pl. V.

Le plan général *du Frioul* fait connaître la situation respective des diverses carrières ouvertes ou mises en exploitation.

Ces carrières sont au nombre de trois :

La première, la plus importante de toutes, est située sur l'île de *Ratonneau*, le long du littoral, s'étendant entre le môle et le côté sud du port *du Frioul*.

La seconde carrière est située sur l'île même de *Ratonneau* aux abords de l'anse de *Morgerel*.

Enfin, la troisième a été choisie sur l'île de *Pomègues* en face de la première carrière et sur les rochers situés dans le prolongement du côté nord du quai.

CHAPITRE V.

Des grandes Mines.

Quoique le fait des mines monstres ne soit plus un secret pour les personnes qui s'occupent spécialement de grands travaux de terrassements, les auteurs ont cru ne pouvoir se dispenser de décrire ce nouveau mode d'exploitation, avec d'autant plus de raison, qu'il a été apporté, dans l'application du système connu, des améliorations qu'il leur paraît utile de vulgariser.

Ces perfectionnements portent principalement sur le moyen de communiquer le feu aux mines, sur les dispositions et la forme des galeries, et enfin, sur la distribution de la poudre, eu égard aux masses à soulever. Ancien système des grandes mines.

Il convient, d'abord, de rappeler successivement ce qui se pratiquait avant l'organisation de l'entreprise actuelle et d'indiquer les changements introduits dans ce mode d'exploitation et qui sont le résultat de laborieuses observations et de patientes recherches.

Dans le principe, pour communiquer le feu à la mine, on se bornait à ménager dans l'intérieur des galeries des *saucissons* bourrés de poudre, lesquels se terminaient intérieurement par une fusée qui venait aboutir au centre de la mine. Ces saucissons, dont le nombre était égal à celui des poches, étaient reliés entr'eux à l'intérieur par une traînée de poudre destinée à transmettre le feu.

Cette disposition présentait de graves inconvénients et, plus d'une fois, elle a été cause de dommages considérables : ainsi, par exemple, il arrivait souvent que l'inflammation n'était pas instantanée dans les divers fourneaux composant un système complet de mine. Dans ce cas, l'explosion précipitée de l'un de ces fourneaux occasionnait la brisure des rochers dans lesquels étaient pratiquées les galeries, de sorte que les saucissons écrasés ne pouvaient plus communiquer le feu aux autres fourneaux. Il résultait de ce fait la perte presque entière du profit qu'on avait lieu d'attendre d'un soulèvement général.

On avait bien imaginé, afin de prévenir ce résultat fâcheux, de déterminer des longueurs égales pour les différentes lignes inflammables, à partir de la traînée de poudre sur laquelle venait s'appliquer l'origine des saucissons ; mais ces précautions n'avaient pas été d'une grande utilité, par la raison que la rapidité du courant inflammatoire à travers les saucissons bourrés n'est pas toujours uniforme et qu'un ralentissement peut être occasionné par des effets contre lesquels il n'est pas toujours possible de se prémunir.

Perfectionnements apportés au système des grandes mines.

L'électricité, qui a déjà rendu de si grands services à l'industrie, a obvié à ces nombreux inconvénients, en fournissant le moyen sûr et rapide de communiquer le feu aux fourneaux et de produire un embrasement général. Quelques essais faits précédemment, avaient permis d'avoir sur ce procédé une confiance que les résultats ont plus tard justifiée.

Les saucissons et la traînée de poudre ont été supprimés, et l'on a substitué à ce système des fils électriques communiquant à la fois avec les fourneaux et avec une machine destinée à produire l'étincelle. Ce changement qui, en apparence, paraît très simple, a cependant une très grande portée, en ce sens qu'il permet d'obtenir tous les résultats qu'on peut raisonnablement souhaiter dans l'intérêt de l'exploitation, surtout lorsqu'on tente une opération exigeant, soit en travaux préparatoires, soit en fournitures de poudre, une dépense susceptible d'atteindre trente et même quarante mille francs.

Ainsi qu'il l'a été dit ci-dessus, la seconde amélioration apportée au système primitif des grandes mines consiste dans la manière de disposer les galeries.

On avait généralement adopté, en principe, le système des puits verticaux, c'est-à-dire que pour préparer ce qu'on appelle une *mine-monstre*, on creusait un puits de douze à quinze mètres de profondeur, au fond duquel on pratiquait deux galeries latérales à peu près normales au plan du puits, ce qui donnait à l'ensemble la forme d'un ⊥ renversé.

Cette disposition qui présente certainement de grands avantages quand il s'agit, par exemple, de faire sauter un mamelon isolé, est fort désavantageuse pour une exploitation de carrière, surtout lorsqu'on a à effectuer, comme dans l'espèce, non pas un simple déblai, mais une opération devant produire des blocs de certaines dimensions. On a compris qu'une attaque en flanc devait produire des résultats plus satisfaisants, au double point de vue de l'exploitation de la carrière et de la charge des blocs ; on n'a pas hésité, dès-lors, à renverser le système des galeries en plaçant le [illegible] dans une situation sensiblement horizontale. Ainsi, d'une manière générale, on entre en galerie sur le flanc même de l'escarpement en pratiquant les *branchements* à droite et à gauche de la galerie principale qui remplace ici le puits vertical. Pl. VI et VII.

L'expérience a confirmé les prévisions des auteurs de l'installation. Il faut dire, cependant, que ce système, quelque préférable qu'il soit, ne peut être appliqué fructueusement que lorsqu'on dispose, comme au Frioul, d'un front de carrière considérable et qu'on peut, sans qu'il en résulte un chômage quelconque, préparer une grande mine sur un point, pendant que sur d'autres on enlève les rochers ébranlés.

Enfin, on a fait faire un grand progrès à la question des mines monstres en déterminant, d'une manière à peu près rigoureuse, la proportionalité qui doit exister entre la masse à soulever et la poudre à employer. La charge des mines avait beaucoup préoccupé les premiers auteurs du nouveau procédé, et on conçoit, en effet, toute l'importance de cette partie de l'opération, surtout lorsqu'il fallait soulever seulement les rochers dans lesquels la mine était pratiquée et les réduire en fragments plus ou moins gros. Dans cette condition, on était placé entre deux alternatives également défavorables : si la charge était trop faible, les rochers ne faisaient que se fendiller, et les blocs, faiblement détachés de la masse, ne pouvaient être enlevés que par un surcroît de travail très considérable et fort coûteux ; si, au contraire, la charge était trop forte, les rochers se pulvérisaient, pour ainsi dire, et le but de la mine était manqué.

Proportion entre le volume de la poudre et la masse à soulever.

Il était donc important de trouver le terme rapproché de la proportion la plus rationnelle. La science avait bien fourni une part des éléments nécessaires à la résolution du problème ; mais cette question, comme la plupart de celles qui se rattachent directement à l'exécution des travaux, ne pouvait trouver de démonstration positive que par une succession d'expériences faites avec intelligence. Après de nombreux tâtonnements, on a trouvé que, dans les rochers compactes, et c'est le seul cas dont on ait à s'occuper ici, le rapport entre la quantité de poudre et la masse à soulever devait être comme *un est à quatre*, en prenant le kilogramme pour l'unité de la poudre et le mètre cube pour l'unité des rochers.

Telles sont les principales modifications apportées dans l'exploitation des grandes mines. Les intelligents novateurs à qui on doit ces perfectionnements de haute utilité ont payé un assez large tribut de sacrifices de toute nature à leur louable ambition. Leurs premiers essais ont donné lieu à de notables mécomptes ; mais le succès a finalement couronné leurs efforts, et aujourd'hui la crainte et l'hésitation ont fait place à une confiance absolue ; c'est-à-dire que les résultats d'une grande mine sont aussi certains que les effets prévus des mines ordinaires.

Au reste, pour initier le lecteur aux intéressants détails relatifs à la préparation d'une grande mine, voici la description complète d'un travail de cette nature, commencé et poursuivi, en quelque sorte, sous les yeux des auteurs de cette publication et à la terminaison duquel il leur a été permis d'assister.

Description de la grande mine tirée en avril 1857.

Pl. VI.

Cette mine a été tirée vers la fin d'avril 1857, lors du passage du grand duc Constantin de Russie, qui assista à son explosion.

Les entrepreneurs s'étaient proposé d'ébranler toute la partie inférieure du Cap dit la *pointe de Santo Ventura*, à l'ouest du môle neuf, présentant une masse ayant un développement de 225 mètres, une largeur moyenne de 25 mètres et une hauteur de 23 mètres environ. A cet effet, on avait préparé quatre mines principales, ainsi disposées : les deux premières étaient pratiquées sur les escarpements qui bordent la partie nord du Frioul ; la troisième occupait la partie saillante du Cap, et la quatrième les versants ouest de la pointe.

Pl. VII.

Chacune d'elles était composée d'une galerie principale, en ligne droite, ayant une longueur de 20 mètres et de deux galeries latérales en retour d'équerre de 10 à 12 mètres de longueur. Les galeries avaient dans-œuvre une largeur et une hauteur de 1^{m} 50, y compris le plein cintre.

Position des Galeries

Les galeries principales avaient été creusées dans la partie inférieure de l'escarpement, c'est-à-dire que leurs radiers se trouvaient, en général, à la côte de 7 à 8 mètres au-dessus du niveau de la mer.

Pente.

On avait donné à ces galeries, ainsi qu'aux branches du T, une pente de 0,05 par mètre, ce qui permettait de gagner 1^{m} 50 de profondeur. Cette profondeur était encore augmentée par le creusement d'un puisard placé à l'extrémité de chacune des branches latérales ayant en moyenne

2ᵐ 50 de profondeur; de sorte que la partie la plus basse du creusement était à la côte de 3 à 4 mètres seulement au-dessus du niveau de la mer.

Puisards.

Les puisards creusés à l'extrémité des galeries latérales n'avaient pas seulement pour but de pénétrer dans la partie inférieure du rocher : ils avaient surtout pour objet de procurer un obstacle de plus à l'action qui pouvait se produire dans le sens des galeries latérales, ainsi que cela sera expliqué plus bas.

Poches des galeries.

A côté du plafond des puisards et à peu près sur le même plan, on avait creusé des excavations, désignées aujourd'hui sous le nom de *Poches*, destinées à recevoir la poudre.

Ces *poches* étaient, autant que possible, creusées dans le roc vif. Cependant, lorsque le parement présentait des fissures de nature à donner issue aux gaz dégagés par l'effet de l'inflammation, on avait soin de passer un fort enduit de ciment sur les parois des rochers, de manière à obtenir une surface inhérente, isolant complètement les parties crevassées d'avec l'air extérieur.

Ce travail terminé, on procédait au chargement de la mine.

Charge des poches.

La charge est, de toutes les opérations, celle qui exige le plus de soin, au double point de vue des personnes placées à proximité et du résultat final. Le but à atteindre est de renfermer et d'isoler complètement la poudre déposée dans les fourneaux et d'obliger ainsi les gaz à soulever la masse qui s'oppose à leur libre expansion au dehors. Mais ce qu'il importe surtout d'éviter, c'est ce qu'on appelle le débourrement, c'est-à-dire l'action qui pourrait se produire dans le sens des galeries. Le lecteur a remarqué que la forme adoptée pour le système des mines avait été imaginée en vue précisément d'éloigner cette éventualité. Il est évident qu'en établissant les fourneaux à l'extrémité des branches latérales, on a eu la pensée d'opposer l'une à l'autre l'action infructueuse et dangereuse qui pourrait se produire au moment de l'inflammation; les précautions qu'on a prises pour résister à l'action de ces forces opposées témoignent de la juste préoccupation des entrepreneurs à ce sujet. Il est donc inutile de s'appesantir sur les détails de la charge, parce que cette opération, sagement combinée, a donné des résultats qui se sont reproduits d'une manière similaire.

Précautions prises contre le débourrement.

Après avoir versé la poudre dans l'excavation pratiquée contre les puisards, on a rempli ces derniers au moyen d'une bonne maçonnerie de moëllons et plâtre. Cette maçonnerie, qui prenait de la consistance presque instantanément, avait acquis, après quelques heures, une dureté capable de remplacer le rocher primitif, de sorte que la poche à poudre se trouvait de fait enfermée au sein même des rochers et sans communication possible avec l'extérieur.

D'ailleurs, dans la crainte que l'effet de l'explosion vînt soulever la maçonnerie de remplissage, on avait eu soin de blinder très énergiquement, avec de fortes pièces de bois, l'intersection des puisards avec les galeries latérales. De plus, celles-ci avaient été bourrées dans toute leur longueur avec de la terre fortement tassée.

A ces précautions assez énergiques, les entrepreneurs en avaient ajouté une dernière qui avait certainement son utilité : dans le but de neutraliser d'une manière complète l'effort des puissances agissant à l'extrémité des deux branches du T ou du moins pour diriger la résultante de ces forces dans le sens du mouvement à opérer, on avait construit un solide mur en maçonnerie d'un mètre d'épaisseur, à l'aplomb même de l'intersection de la galerie principale avec les branches du T, et enfin on avait bourré cette dernière galerie avec de la terre fortement tassée jusqu'à son issue sur les escarpements de la montagne.

Quantité de poudre.

La charge totale était de 26,000 kilogrammes de poudre, et comme les fourneaux étaient au nombre de huit, il s'ensuit qu'en moyenne, chaque poche contenait environ 3,500 kilogrammes de poudre.

Il faut observer toutefois que la distribution de la poudre avait été faite en raison de la position respective de chaque fourneau par rapport à la masse à soulever. Au moyen d'un plan et d'un profil de la montagne, on avait déterminé, pour chaque centre d'action, la quantité de poudre nécessaire ; les différences étaient même assez grandes : ainsi, on a remarqué que, sur certains points, la charge n'excédait pas 2500 kilogrammes, tandis que, sur d'autres, elle atteignait jusqu'à 4500 kilogrammes.

Tel est l'ensemble des mesures qui avaient été prises pour assurer le succès de l'opération ; en cet état de choses, il ne restait plus qu'à communiquer le feu à la mine.

Inflammation par l'électricité.

Ainsi qu'il a été dit plus haut, on a eu recours à l'électricité pour obtenir une inflammation instantanée dans les divers fourneaux. Les entrepreneurs avaient adopté, à cet effet, l'appareil *Rhumkoff* dont ils avaient apprécié la précision dans des circonstances récentes.

On trouvera dans la notice publiée par M. de Moncel sur les applications de cet appareil des détails très-intéressants qui ne peuvent trouver place dans cet ouvrage. Voici le moyen mis en pratique pour communiquer le feu aux fourneaux d'explosion.

Fils conducteurs.

A chaque fourneau de mine correspondait un fil conducteur d'électricité terminé par une fusée dont l'extrémité plongeait dans la poudre même. Ce fil était soigneusement renfermé dans un tube de *gutta-percha* et noyé soit dans la maçonnerie, soit dans la terre qui remplissait les galeries. Chaque mine était composée de deux fourneaux ; à la sortie de chaque galerie principale, correspondaient dès-lors deux fils ; ces fils, prolongés jusqu'à l'appareil, étaient mis en communication avec un autre fil chargé d'électricité contraire et tendu de manière à embrasser tout le système. Dès que les communications eurent été sûrement établies, on ramena tous les fils conducteurs d'électricité sur l'appareil même, et il suffit de les mettre en contact avec le commutateur, par un mouvement rapide, pour obtenir l'étincelle dans l'intérieur de chaque poche.

Explosion.

L'inflammation fut subite et les nombreuses personnes accourues sur l'île pour voir cette grandiose explosion n'entendirent qu'une seule détonation. Les huit fourneaux, agissant à la fois, soulevèrent toute la partie de la montagne attaquée, et on put alors assister au spectacle assez rare et imposant d'un tremblement de terre dont l'étendue circonscrite ne pouvait présenter cependant les incidents dangereux de ce phénomène.

La montagne soulevée par l'effort de 26,000 kilogrammes de poudre, parut s'affaisser sur elle-même pour reprendre sa place primitive ; mais, en même temps, on vit se détacher de la masse et rouler jusqu'au niveau des quais, des quartiers de rochers de toutes les formes et de toutes les dimensions. On eut dit une cascade de blocs lancés par une main puissante du sommet de la montagne.

Masse soulevée.

D'après les profils qui avaient été levés avec soin, et en tenant compte de la ligne suivant laquelle la séparation avait eu lieu, on évalua à 100,000 mètres cubes la masse soulevée par l'effet de la mine. On voit que ce résultat coïncide assez bien avec les nombreuses expériences au moyen desquelles on est parvenu à établir la proportion à adopter entre la poudre et la masse à soulever, c'est-à-dire *comme un est à quatre*.

La mine dont on vient de faire connaître tous les détails avait généralement inspiré une idée de crainte et d'effroi. Dans le public, on comparait la masse de poudre enfermée cette fois au sein de la montagne, avec la quantité introduite dans les mines ordinaires, et l'on se persuadait que l'effet extérieur de l'explosion serait relatif à l'importance des matières employées. Le fait vint dissiper cette erreur, et les nombreuses mines qu'on a tirées depuis soit au Frioul, soit pour le nivellement des terrains de l'ancien Lazaret, ont démontré l'innocuité d'une pareille opération, lorsqu'elle est conduite avec tous les soins qu'elle exige dans l'intérêt même de l'exploitation.

Les grandes mines ne lancent pas, comme les petites, des éclats de rochers à de grandes distances : les effets concentrés de la poudre, qui se produisent à de grandes profondeurs, sont contenus par la résistance qu'oppose la masse superposée, de sorte que les rochers se brisent, s'affaissent, mais ne projettent dans l'espace aucun fragment susceptible d'inspirer l'appréhension d'un danger ou d'un accident.

CHAPITRE VI.

Chargement des Blocs naturels.

Ainsi que les lecteurs ont pu en juger par ce qui précède, l'effet des *mines-monstres* est de produire des blocs de fortes dimensions.

D'après les conditions de l'entreprise, ceux de la troisième catégorie doivent peser au moins 3,900 kilogrammes ; mais ce poids est souvent dépassé d'une manière notable, c'est-à-dire qu'il n'est pas rare de voir sur le chantier des quartiers de roches pesant jusqu'à dix et même douze kilogrammes.

Pour soulever de pareils poids, il est évident qu'il faut renoncer à l'emploi exclusif des forces humaines et qu'il est de toute nécessité d'y suppléer par des procédés mécaniques d'une énergie suffisante.

Ancien système de bigues
Pl. VIII, fig. 1re.

Au début de la campagne, on avait employé pour soulever ces masses détachées de la montagne, le système des bigues dont on s'était servi dans des travaux de même nature ; mais, plus tard, on a remplacé ce moyen par l'emploi d'une machine qui a donné les résultats les plus satisfaisants au double point de vue de la sécurité des travailleurs et de l'économie.

Avant de décrire d'une manière détaillée la composition et le fonctionnement de cette machine qui est une véritable innovation, pour faire apprécier les avantages relatifs qu'elle est dans le cas de procurer, et aussi afin de n'omettre aucune partie de l'installation du chantier, il est utile de présenter une note sommaire concernant le système suivi d'abord et abandonné ensuite.

Le système des bigues consiste dans l'emploi d'une *chèvre* formée de deux fortes pièces de bois enfoncées dans le sol et retenues à leur partie supérieure, où elles se croisent par des haubans fixés également au sol à l'avant et à l'arrière. Les montants de la chèvre, ainsi que les haubans, sont reliés entr'eux, au moyen d'une forte chaîne qui entoure ces diverses pièces et à l'extrémité de laquelle est accrochée une poulie.

Pl. VIII, fig. 6 et 7. Un treuil à manivelle, dont on peut voir les détails sur les figures 6 et 7, est placé à proximité et complète le système.

Quant à l'usage de ce moyen de soulèvement, il est de la plus grande simplicité : une chaîne est passée dans la poulie ; l'une des extrémités de cette chaîne est armée d'un crochet propre à saisir le bloc, et l'autre est fixée sur le tambour du treuil, autour duquel elle s'enroule.

Toute l'opération se réduit donc à placer à l'extrémité de la manivelle du treuil une force suffisante pour vaincre la résistance du bloc accroché à la chaîne et pour l'élever jusqu'à la hauteur du wagon sur lequel il doit être transporté.

Pour un chantier de médiocre importance, ce mode de soulèvement des blocs est certainement suffisant ; mais, pour une exploitation semblable à celle dont il est ici parlé, on comprendra que les entrepreneurs aient recherché, dans une combinaison nouvelle, les moyens d'éviter les inconvénients présentés par le système des bigues, s'il était appliqué à une grande exploitation.

La seule installation d'un jeu de bigues exige six à sept journées d'ouvrier ; or, lorsqu'il s'agit de prendre et de charger une certaine quantité de blocs répandus sur une ligne longue de plusieurs centaines de mètres, il devient nécessaire ou d'avoir un matériel considérable et hors de proportion avec la nature et l'importance du travail, ou de déplacer souvent le jeu de bigues. Ce dernier moyen est encore préférable, mais il devient fort coûteux, non seulement à cause du travail matériel qu'il exige, mais encore par le chômage qu'il occasionne soit pour les transports, soit pour l'embarquement des blocs.

Il faut remarquer aussi que les bigues exposées aux chocs des matériaux soulevés par les palans, s'usent avec une grande rapidité, et que souvent ces chocs, détruisant l'équilibre établi au moyen des haubans, renversent la chèvre. Cet évènement, qu'il n'est pas toujours possible de prévenir, produit des accidents regrettables et entraîne naturellement une perte de temps qui se traduit par des frais additionnels dont l'importance totale mérite d'être calculée.

Enfin, l'emploi des mines monstres est encore un motif plausible pour la suppression de ce système.

Ces grosses mines ont toujours pour effet d'ébranler le sol jusqu'à une certaine profondeur, de sorte qu'à chaque détonation les bigues placées à proximité sont exposées à être culbutées, ce qui équivaut à un déplacement.

Tels sont les motifs sérieux qui ont amené l'adoption d'un appareil mobile préférable à l'emploi du système fixe qu'on vient de décrire.

Grue à équilibre constant
Pl. IX et X.

Le nouvel appareil désigné sous le nom de *grue à équilibre constant* fait honneur à l'esprit d'observation des inventeurs.

Il se compose d'un chariot plat supportant une plaque tournante qui se meut sur dix galets. Au-dessus de ce plateau circulaire est placé un chassis composé de deux longrines reliées entr'elles par des traversines en fer ; c'est la base de la grue.

La longueur de ce chassis, plus étendue à l'arrière qu'à l'avant, détermine un poids inégal qui, abandonné à lui-même, tendrait à se renverser.

Les montants de la chèvre, formés de deux fortes pièces de bois, sont assemblés et boulonnés à l'arrière et contre les longrines du chassis. Ils sont soutenus à l'aplomb de l'axe de la plaque tournante par un cadre reposant sur la plaque même et formé de deux montants surmontés d'un chapeau et de deux entretoises en fer agissant comme arc-boutant.

Ces montants sont également soutenus à l'avant du chassis par deux jambes de force assemblées et boulonnées sur les longrines.

Quant à l'inclinaison de la chèvre, elle est subordonnée à la longueur du chassis sur lequel elle est fixée ; il suffit de combiner la position des divers points d'appui de manière à ce que le bec de la grue soit toujours à une hauteur suffisante, pour que les deux mouffles ne se rencontrent pas lorsqu'on élève le bloc au-dessus du wagon qui doit le recevoir.

La partie du chassis comprise entre l'axe de la plaque tournante et son extrémité d'avant est couverte d'un plancher supportant un treuil à vapeur de forme nouvelle avec tous ses accessoires.

Pour exposer l'ensemble de l'appareil, il convient de dire que la chaudière de la machine est posée sur la demi largeur de la plaque tournante, c'est-à-dire, contre les poteaux du cadre qui soutient la grue, tandis que le treuil dont il va être donné explication est disposé tout-à-fait sur l'avant.

On voit par l'ensemble de ces dispositions que le centre de gravité de tout le système correspond à un point situé à l'avant de l'axe de la plaque tournante et que, nonobstant l'excès de longueur du chassis sur l'arrière, le mouvement de bascule tendrait à se produire vers l'avant.

Pour rétablir l'équilibre et même pour faire contre-poids à la puissance qui doit agir à l'extrémité du bec de la grue au moment où un bloc est soulevé, on a placé à l'arrière du chassis un wagon chargé de gueuses en fonte pesant environ 8,000 kilogrammes et roulant sur des rails posés sur les longrines.

Ce wagon, qui peut parcourir tout l'espace compris entre les montants, lesquels soutiennent la grue à l'aplomb de l'axe de la plaque tournante jusqu'à l'extrémité arrière du chassis, remplit absolument les fonctions du *peson* de la romaine.

Placé à l'aplomb de la plaque tournante contre la chaudière de la machine, il neutralise l'excédant de poids qui existe naturellement sur l'avant; et, à mesure qu'on l'éloigne de ce point, il produit un effort proportionnel à la distance parcourue ; effort qu'il est facile de régler et qu'on peut toujours mettre en rapport avec le poids du bloc qu'on veut soulever.

Si l'on avait, par exemple, des blocs réguliers ou bien des blocs cubés d'avance d'une manière exacte, on pourrait, en graduant les longrines qui forment bras de levier, déterminer pour chaque opération la place que doit occuper le wagon qui fait contre-poids ; mais cette appréciation mathématique n'est pas absolument nécessaire ; il suffit de quelques expériences pour permettre à la personne chargée de ce détail d'arriver à un à peu près satisfaisant, parce que le système, qui a de nombreux points d'appui, n'est pas d'une grande sensibilité et qu'on peut maintenir le chassis dans une position sensiblement horizontale ; seule condition nécessaire pour assurer le succès de l'opération.

Il fallait obvier à l'inconvénient qui aurait pu se produire en plaçant le wagon trop vers l'arrière et déterminer, par suite, un mouvement de bascule vers ce côté. On y a prévu en plaçant une chambrière tout-à-fait à l'arrière du chassis, de telle sorte que, même en cas de rupture de la chaîne du palan alors que la grue est chargée, ou de tout autre accident de nature à supprimer brusquement une partie de la résistance, tout se réduit à l'abaissement du chassis au niveau du point d'appui de la chambrière.

L'existence de cette chambrière a permis, du reste, d'employer un moyen qui diminue beaucoup l'importance de l'appréciation laissée à la personne chargée de maintenir l'équilibre du système. Ce moyen consiste à placer le wagon tout-à-fait à l'arrière du chassis lorsque la grue est à l'état de repos, et à pousser le wagon en avant jusqu'à ce que la chambrière abandonne le sol. Les conditions d'équilibre sont alors suffisamment établies pour que l'ensemble de l'appareil obéisse facilement et accomplisse toutes les évolutions nécessaires.

Avant d'indiquer les différentes manœuvres au moyen desquelles on fait fonctionner l'appareil, les lecteurs devront fixer leur attention sur les dispositions du treuil à vapeur utilisé pour animer la grue.

Ce treuil, d'une forme particulière et d'une puissance très énergique, appartient à MM. Girard et Guinié de Marseille. Il est appelé à rendre de grands services à l'industrie par la multiplicité des applications dont il est susceptible. On en jugera, du reste, par les détails contenus dans les planches XI et XII.

Treuil à vapeur. Pl. XI et XII.

Il se compose d'abord de deux bâtis solidement assis sur une base de fondation et retenus à leur partie supérieure par deux tringles ; ces bâtis forment la véritable charpente de la machine sur laquelle viennent s'appuyer les diverses pièces qui composent le treuil proprement dit, ainsi que les deux cylindres verticaux de la machine à vapeur dont il vient d'être parlé.

La tige des pistons des cylindres imprime le mouvement à tout le système, en agissant sur des bielles adaptées à un arbre de couche qui est réglé par un excentrique.

Cet arbre porte à l'une de ses extrémités un pignon qui transmet le mouvement à une grande roue, laquelle porte aussi sur son arbre un pignon qui fait tourner une autre grande roue. C'est, en définitive, l'arbre de cette dernière roue qui supporte le tambour sur lequel s'embraque la chaîne du treuil.

Quant à la machine à vapeur, elle est à haute pression, sans détente et sans condensation : sa force est de 5 chevaux.

Elle se compose d'une chaudière cylindrique alimentée par une pompe dont le tuyau d'aspiration plonge dans un réservoir placé à proximité, et de deux cylindres verticaux placés, ainsi qu'on l'a déjà dit, contre les bâtis du treuil.

Sans entrer dans tous les détails de cette machine, qui est munie des appareils nécessaires pour en régler la marche et pour prévenir les accidents, il est pourtant utile d'expliquer les avantages qu'on a su retirer de son application au treuil et de faire connaître comment se distribue la vapeur dans les cylindres dont les pistons mettent tout le système en mouvement. Cette distribution de vapeur est, du reste, fort ingénieuse et, malgré tous les soins donnés aux dessins, peut-être n'a-t-on pu rendre avec assez de clarté la combinaison de cette partie intéressante de la machine. Quelques mots d'explication pourront, dès-lors, suppléer à l'insuffisance de la description graphique.

Les cylindres sont formés, comme d'usage, d'un piston et d'une boîte à tiroir contenant des orifices d'admission ou d'échappement.

Sur la planche XI on a indiqué les détails de la boîte de distribution de vapeur placée au centre des deux cylindres.

Le tiroir de cette boîte est disposé de manière à faire arriver la vapeur dans les cylindres par deux voies différentes, agissant l'une au-dessus et l'autre au-dessous des pistons.

Le dessin représente la machine à l'état de repos, c'est-à-dire au moment où la totalité de la vapeur passe par le tuyau d'échappement qui doit la conduire dans la cheminée de la chaudière.

Lorsqu'on veut mettre la machine en mouvement, on fait glisser le tiroir de manière à découvrir l'un des orifices qui conduisent la vapeur dans les cylindres.

Le choix entre les deux orifices dépend de la nature du mouvement qu'on veut imprimer à la machine, parce que les pistons sont impressionnés en sens contraire, selon que la vapeur arrive par l'un ou l'autre orifice.

D'ailleurs, la forme du tiroir a été combinée de telle manière que, lorsque celui-ci est déplacé par un mouvement parallèle au plan des orifices des conduites, il se produit un double effet de nature à annuler ce qu'on nomme usuellement le *point mort*.

Tandis que l'une des conduites reçoit directement la vapeur et que celle-ci agissant sur la boîte des cylindres produit un mouvement dans un sens, l'autre est mise en communication avec le tuyau d'échappement et fonctionne dans le sens opposé. On conçoit, dès-lors, combien il est facile de changer la marche du travail; il suffit, pour cela, de faire mouvoir au moyen d'un levier le tiroir de la boîte de distribution, utilisant alternativement les deux orifices comme conduite de vapeur ou comme conduite d'échappement.

Les détails de la grue étant suffisamment expliqués, il sera facile de saisir les intéressantes fonctions de ce nouvel instrument qui a déjà rendu de grands services et qui a subi avec avantage l'épreuve de l'expérience.

Manœuvre de l'appareil. Pl. VIII.

D'abord le chariot plat sur lequel est placée la plaque tournante qui porte tout le système roule sur un chemin de fer. Le mouvement de locomotion est imprimé au moyen d'un touage exécuté par le treuil lui-même. Pour atteindre ce résultat, on a soin de placer un fort piquet dans le sol à chaque point extrême de la course présumée du chariot, soit à l'avant, soit à l'arrière; à chacun des piquets, on adapte une poulie dans laquelle passe une chaîne fixée au chariot et qui vient s'embraquer sur le tour du treuil.

La tension de la chaîne dans un sens comme dans un autre fait mouvoir le chariot, qui avance ou recule suivant les besoins de l'opération.

Lorsque la grue a atteint le point voulu, deux hommes la font pivoter autour de la plaque tournante, en poussant l'arrière des longrines du chassis. Le bloc destiné à être soulevé est, alors, entouré d'une chaîne à laquelle on accroche le palan de la grue.

Durant cette opération, on prépare le mouvement du wagon contrepoids, afin de maintenir le système d'équilibre au moment où la grue est chargée.

Ce mouvement est produit au moyen d'un tour à manivelles que deux hommes font manœuvrer et sur lequel est embraquée une chaîne fixée au wagon et qui glisse dans une poulie de renvoi.

Lorsque le bloc est élevé à la hauteur jugée nécessaire, les deux hommes chargés de la manœuvre relative au wagon contre-poids poussent de nouveau l'arrière du chariot et font pivoter tout le système jusqu'à ce que le bloc soit perpendiculaire au wagon qui doit le transporter. Le bloc est alors descendu et placé sur le wagon de transport; immédiatement, on pousse le wagon contre-poids en avant, on déroule la chaîne autour du tambour du treuil et l'on est prêt à recommencer l'opération.

Cette manœuvre, qui n'exige pas un temps considérable, paraît cependant susceptible d'abréviation et surtout d'une économie assez notable. Les entrepreneurs se proposent d'utiliser la puissance du treuil pour effectuer la marche du wagon contre-poids et la manœuvre relative au mouvement de tout le système autour de la plaque tournante.

Il suffira de ménager une partie du tambour sur lequel s'enroule la chaîne de la grue pour soumettre le wagon chargé à l'action du treuil.

On pourrait aussi faire pivoter la grue au moyen de tambours de hallage et d'une courroie sans fin embrassant la plaque tournante.

Ces additions auraient pour effet d'économiser les deux hommes qui sont aujourd'hui chargés de cette double opération.

En l'état cependant, l'emploi de la grue présente sur les moyens ordinaires des bigues une économie assez considérable de temps et d'argent.

Comparaison des deux systèmes de chargement.

Pour établir cette comparaison d'une manière générale, il est nécessaire de faire abstraction du prix des journées et des objets dont la valeur varie dans chaque localité. Seulement, comme le coût des machines est sensiblement le même partout, et qu'il est indispensable d'avoir une base pour l'évaluation du capital engagé, on doit préciser qu'une *grue à équilibre constant* coûte, tout compris, quinze mille francs et qu'elle égale le travail de dix jeux de bigues, évalués, chacun, à quinze cents francs. Il y a donc parité comme frais d'établissement.

Quant à l'entretien, l'avantage est incontestablement en faveur de la grue, parceque les bigues, ainsi qu'on l'a fait observer, s'usent très promptement; et chaque déplacement occasionne une perte de six à sept journées d'ouvriers.

Le calcul comparatif qui vient d'être établi pour le capital du matériel pourrait être taxé d'inexactitude, car, en fait, le travail d'une grue ne dépasse pas celui de sept jeux de bigues marchant sans interruption. Mais on a admis qu'il fallait dix jeux de bigues pour une grue, parce que l'expérience a démontré que, pour subvenir à tous les déplacements et pour parer aux accidents qui se produisent, il convient de disposer de dix jeux de bigues, si l'on veut assurer le fonctionnement consécutif de sept.

Chaque jeu exige la présence de sept hommes de choix, y compris deux charpentiers, et dans une journée on charge douze mètres cubes, ce qui fait, pour les sept jeux, quatre-vingt-quatre mètres cubes de blocs.

La grue à équilibre constant demande trois hommes à l'arrière pour la marche du *wagon contre-poids* et pour le pivotage du système ; un mécanicien et deux manœuvres pour l'amarrage et le démarrage des blocs. En tout six hommes.

En admettant le prix moyen de la journée des hommes à 4 fr. 50 et celui du charbon à 2 fr. les °/₀ kilogrammes, on arrive aux prix comparatifs de revient suivants pour le chargement des blocs:

SYSTÈME DES BIGUES.

DÉPENSE PAR JOUR.

28 journées à 4 fr. 50 . . . . F.	126 00

Cubes chargés : 84 mètres.

Prix de revient $\frac{126}{84}$ = ... F.	1 50

SYSTÈME DE LA GRUE.

DÉPENSE PAR JOUR.

5 journées à 4 fr. 50 . . . . F.	22 50
Traitement du Mécanicien	7 00
250 kilog. charbon à 2 fr. les °/₀ kilog	5 00
1 m. cube d'eau	2 00
Total. . . .	36 50

Cubes chargés : 80 mètres.

Prix de revient $\frac{36\ 50}{80\ 50}$ = ... F.	0 46

Cette comparaison du prix de revient est l'expression la plus éloquente de la supériorité du nouveau système sur l'ancien.

CHAPITRE VII.

Embarquement des Blocs naturels.

Après le chargement des blocs sur les wagons, il reste à faire un travail très important pour effectuer l'embarquement de ces blocs sur les chalands qui doivent les transporter aux lieux de destination. On a créé pour cette opération une installation de nature à appeler l'attention des praticiens, comme moyen à la fois sûr et expéditif.

Installation des appontements.

Cette installation consiste dans la construction d'un nombre suffisant d'appontements ou embarcadères établis de manière à permettre aux barques et aux chalands de se placer au-dessous même de la charpente sur laquelle on fait arriver les blocs.

Ces appontements sont de deux sortes:

Ceux destinés à l'embarquement des petits blocs, désignés dans le devis de l'entreprise sous la dénomination de moëllons, sont composés d'une partie fixe et d'une partie mobile ; on les nomme *appontements à bascule* ; ceux qui servent à l'embarquement des blocs proprement dits sont complètement *fixes*.

On va procéder par ordre et décrire successivement la construction particulière de ces deux genres d'appareil.

Appontements à bascule. Pl. XIV.

Les appontements à bascule sont formés généralement d'une palissade établie en mer à une certaine distance du quai d'embarquement, d'un plancher fixe à niveau du quai, à la suite duquel est placé un tablier mobile soudé à la palissade au moyen de charnières, et soutenu par un balancier qui est placé sur la partie supérieure des pieux.

Ces pieux, enfoncés dans la mer, sont au nombre de quatre. Ils sont disposés parallèlement à la ligne du quai et à une distance de 6m 40 de ce quai ; ils ont 0m 30 d'équarrissage : les plus rapprochés du quai sont espacés de 2m 35 et ceux formant les extrémités de 1m 25. Cette disposition a été adoptée pour pouvoir obtenir sur la partie centrale le dégagement nécessaire à l'établissement des voies de transport et à la manœuvre d'embarquement.

Ces pieux sont reliés entr'eux au moyen de deux moises placées, l'une au niveau du plan des basses mers et l'autre à 3m 30 au-dessous de ce même niveau ; c'est-à-dire que les moises, par leur disposition, servent de point d'appui au plancher de l'embarcadère.

Les pieux extrêmes sont arasés un peu au-dessous des moises, tandis que les pieux du milieu s'élèvent jusqu'à la hauteur de 5m 40 au-dessus de la mer, où ils sont reliés de nouveau par un chapeau dûment assemblé et retenu lui-même par deux contre-fiches moisées sur la partie supérieure des pieux extrêmes.

Cette partie de l'appareil est encore retenue au moyen de deux haubans fixés dans le terre-plein du quai et sur la partie supérieure du chapeau.

Entre les moises horizontales, les pieux sont soutenus au moyen d'une croix de Saint-André pour la partie centrale et par une contre-fiche pour les parties extrêmes.

La palissade avancée est reliée au quai au moyen de deux longrines placées sur les moises inférieures et qui viennent s'encastrer dans l'épaisseur de la maçonnerie du quai.

Aux extrémités de chacune de ces longrines sont placés deux arcs-boutants soutenant à leur point d'intersection un entrait arasé au niveau des moises, dont la destination est de servir d'appui à un platelage de 3 mètres environ ; une des extrémités de celui-ci repose sur les moises, l'autre s'encastre dans la maçonnerie du quai, comme les longrines inférieures.

Sur ce platelage, qui est d'une grande utilité pour la manœuvre de l'embarquement, sont placées deux autres longrines espacées seulement de 70 c. et formant *porte-rails*. Ces longrines ont trois points d'appui. D'abord elles reposent sur les moises situées au-dessus du platelage ; en second lieu, elles portent sur l'entrait, et enfin elles viennent s'appuyer sur la partie supérieure du quai. La différence entre la largeur du platelage et celle des porte-rails est réservée à la circulation des hommes chargés de la manœuvre.

6

Le tablier à bascule, placé à l'extrémité et dans le prolongement de la voie ferrée, est, ainsi qu'il a été dit ci-dessus, adapté par des charnières à la charpente du pont fixe. Ce tablier, d'une longueur totale de 4 mètres, se compose d'un cadre formé de deux longrines reliées par une traversine en bois placée à peu de distance du jeu des charnières, et par une équerre en fer disposée à l'extrémité des longrines, se repliant sur celles-ci, et présentant au niveau de la voie une saillie assez considérable pour déterminer un point d'arrêt.

Vers le milieu du tablier, un rondin en fer est placé entre les deux longrines pour maintenir l'écartement, et enfin tout le système est retenu par un fort carrelet également en fer fixé par deux paliers au-dessous et sur les faces latérales des longrines.

Le tablier qui, par sa position, tendrait naturellement à se replier complètement contre la palissade, est retenu par un balancier placé au-dessus du chapeau reliant les pieux du milieu.

Ce balancier est composé de deux longrines parallèles espacées de 0^m 70 et reliées entr'elles par des traversines qui sont placées à chacune des extrémités et vers le milieu du cadre dont la longueur est de 6^m 25. C'est sur les traversines extrêmes que sont adaptées les chaînes de suspension. Du côté de la mer, ces chaînes sont amarrées sur la saillie que présente le carrelet, et du côté du quai, elles sont attachées aux tiges en fer ou haubans qui arc-boutent la partie supérieure de la palissade.

L'extrémité arrière de ce balancier est recouverte d'un plancher destiné à recevoir un contre-poids.

Enfin, le point d'appui est combiné de manière à ce que, dans les moments de force de l'avant et de l'arrière, il y ait équilibre, et que le tablier se maintienne dans une situation horizontale, lorsqu'il n'est pas chargé.

Voici comment s'effectue la manœuvre de l'appareil.

Manœuvre de l'appontement à bascule.

Lorsque le wagon chargé arrive à l'extrémité de la partie fixe du tablier, on a soin de l'accrocher à une chaîne enroulée sur un tambour placé entre les porte-rails et dont la longueur a pour limite la distance qui sépare ledit tambour de l'extrémité du tablier mobile. On lance alors le wagon, qui vient s'arrêter à l'obstacle formé par l'équerre en fer, et le poids du wagon détermine le mouvement de bascule nécessaire pour faire glisser les moëllons. L'inclinaison du tablier mobile est, du reste, réglée par la tension des chaînes de l'arrière fixées aux haubans, et le wagon, dans cette situation, se trouve doublement retenu par la saillie de l'équerre et par la chaîne enroulée sur le tambour.

Lorsque l'opération est terminée, on ramène le wagon vide sur le pont fixe au moyen de la chaîne de retenue; aussitôt le contre-poids, agissant à l'extrémité du bras de levier du balancier, ramène la partie mobile du tablier dans sa position normale, et la chaîne devient flottante.

Appontements fixes.

Les appontements fixes servant à l'embarquement des blocs naturels sont disposés avec la plus grande simplicité et réunissent néanmoins tous les avantages que l'on peut espérer d'un établissement de cette nature.

Ils se composent de deux planchers superposés. Le plancher inférieur, établi au niveau des quais, reçoit les wagons qui effectuent le transport des carrières; le plancher supérieur, placé à 5 mètres au-dessus du précédent, a pour objet de soutenir un ou plusieurs treuils mobiles destinés à soulever et à embarquer les blocs apportés sur l'appontement, ainsi du reste que cela sera expliqué ci-après.

Le double plancher repose sur quatre rangées de pieux fichés en mer, placés parallèlement au quai, et espacés d'axe en axe, savoir : dans le sens du quai de 4 mètres, et normalement à cette direction, de 3^m 40 centimètres seulement.

Ces pieux, dont l'équarrissage est de 0^m 40, sont moisés tout autour et reliés entr'eux par des croix de Saint-André et par des tirants.

Le plancher inférieur est formé par des longrines fixées aux pieux et sur lesquelles repose un fort platelage supportant lui-même la voie ferrée.

Le plancher supérieur diffère du premier en ce sens qu'on a dû ménager un vide dans l'axe de chaque voie pour le passage de la chaîne fixée au treuil.

Pour ménager ces vides sans compromettre la stabilité du système, on a placé de fortes traversines reposant sur la tête des pieux et soutenues à leur extrémité opposée par des contre-fiches assemblées sur les mêmes pieux; pour les côtés extérieurs, ces contre-fiches sont prolongées jusqu'au plancher inférieur sur lequel elles viennent s'appuyer.

Le plancher supérieur présente encore une particularité qu'il est bon de signaler, parce qu'elle a été imposée par la situation toute exceptionnelle des lieux.

Le port du Frioul n'est point à proprement parler un port de débarquement. Les quais qu'on y a établis ne sont point faits en vue de faciliter une opération de ce genre; c'est-à-dire qu'il n'existe pas au-devant des murs un fond suffisant pour faire aborder des navires exigeant un tirant d'eau un peu considérable. On a dû, dès-lors, parer à cet inconvénient en prolongeant le plancher supérieur en forme de pont-volant, de manière à ce que les blocs pussent être projetés à une distance abordable pour les chalands chargés ; laquelle distance est en moyenne de 8 mètres.

Cette partie du plancher, en tout conforme à celle qui la précède, est soutenue par des jambes de force correspondant à chaque pieu, du côté de la mer, et par des haubans placés à l'aplomb des forces latérales de l'appontement, ayant leurs points d'attache sur le sol ferme et sur la traverse qui termine le pont-volant, et leur point d'appui sur la tête de l'un des pieux de la palissade suffisamment prolongée à cet effet.

Enfin, pour éviter le mouvement de bascule qui pourrait se produire sur la partie extrême de ce plancher, on a eu soin de charger l'arrière au moyen de blocs dont le poids est suffisant pour faire équilibre avec l'effort le plus grand qu'on puisse redouter.

Quant à la largeur du tablier, elle varie naturellement selon qu'il est établi pour une ou pour deux voies. En général, au Frioul tous les appontemens sont à double voie, et la largeur, mesurée des côtés extérieurs des longrines latérales, est de 8^{m} 40. Pour une seule voie, cette largeur est réduite à 4^{m} 80.

On observera que l'existence du pont-volant n'est ici qu'accidentelle et que ce pont a été supprimé sur la grande jetée du large du bassin Napoléon pour l'immersion des blocs par terre, parce que sur ce point les barques peuvent approcher jusqu'à l'aplomb de la palissade.

Manœuvre des appontements.

En ce qui concerne la manœuvre exécutée sur ces appontements, elle est très simple : lorsque le wagon chargé est arrivé sur le plancher inférieur, on accroche le bloc à la chaîne du treuil qui se trouve sur la voie supérieure, et dès que le bloc est élevé à une hauteur convenable, on pousse le treuil et par conséquent le bloc jusqu'à ce qu'il arrive à l'aplomb du chaland ; on manœuvre alors le treuil pour faire descendre le bloc sur le chaland, où un homme à poste fixe le pose et le décroche. Cette opération se fait avec la plus grande dextérité, et ne présente aucune complication.

Au début de l'installation le chantier de l'embarquement des blocs était souvent le théâtre d'évènements assez graves, dus uniquement aux dispositions particulières des treuils placés sur le plancher supérieur et qui ont été modifiés depuis, d'une manière très-avantageuse. Les dessins de l'ancien et du nouveau modèle de ces treuils feront apprécier aux praticiens les inconvénients du premier et les avantages du second.

On s'était posé cette question en principe : Comme il s'agit d'élever et de retenir suspendus à une corde des blocs de moyennes dimensions, il faut organiser un système qui puisse, sans addition de force inutile, faire face à toutes les nécessités : à cet effet, on avait imaginé un double engrenage, dont l'un servait de frein soit pour retenir les blocs soit pour en régler la descente sur les chalands. Ce frein était, en outre, impressionné par une pédale mise à proximité de l'homme chargé de la manivelle. Ce double engrenage ne devant pas agir d'une manière constante, on les avait rendus indépendants au moyen de deux pignons mobiles que les hommes chargés de la manœuvre embrayaient ou débrayaient, suivant le cas, et c'est de cette alternative laissée à l'appréciation de simples manœuvres que naissaient les embarras. Lorsque le bloc n'était pas très lourd, et qu'un seul engrenage pouvait suffire pour l'élever et le retenir, on débrayait le pignon du second engrenage et la pédale suffisait pour modérer la descente du bloc; mais il advenait quelquefois que cette appréciation était mal faite et qu'arrivé à une certaine hauteur, le poids du bloc gagnait les forces développées par les manœuvres qui se trouvaient ainsi exposés aux plus grands dangers. Il arrivait aussi que, se méprenant sur la situation du pignon correspondant au frein, les manœuvres débrayaient pour l'ascension le pignon opposé, de sorte que lorsqu'il s'agissait d'effectuer la descente, toujours par suite de la même méprise, on débrayait le pignon de retenue et alors le tour abandonné à lui-même se déroulait avec une rapidité effrayante et le bloc se précipitait sur le chaland.

Treuils, ancien modèle. Pl. XVI.

On a dû renoncer à cette complication véritablement dangereuse, en substituant aux anciens treuils un modèle beaucoup plus simple et qui n'exige aucune appréciation de la part des manœuvres.

Treuils, nouveau modèle. Pl. XV.

Le nouveau modèle ne comporte qu'un seul engrenage, et le frein, tout-à-fait indépendant, est manœuvré au moyen d'un levier sur lequel on appuie plus ou moins, eu égard au poids du bloc. Avec ce système, il n'y a pas de méprise possible; l'homme chargé du frein est toujours à son poste et il n'a qu'à presser de ses mains avec plus ou moins de force, suivant le cas, pour faciliter l'ascension du bloc et pour en régler la descente. Depuis l'installation des nouveaux treuils on n'a eu à regretter aucun accident et c'est là un résultat sur lequel les constructeurs doivent fixer leur attention.

Telles sont les dispositions générales qui ont été adoptées pour faciliter l'embarquement des diverses espèces de matériaux qu'on exploite au Frioul. On ne saurait terminer ce chapitre sans donner quelques détails sur le nouveau genre de sonnette qui a été adopté pour le battage des pieux formant la base de tous les appontements. Les dessins contenus sur la planche XVII permettent de saisir l'ensemble des dispositions de cet appareil, appelé à jouer un très grand rôle dans les travaux de pilotis et qui a été employé avec succès dans divers chantiers à Marseille.

Sonnette à déclic pour le battage des pieux.

Pl. XVII.

Cette sonnette est manœuvrée au moyen du treuil à vapeur Girard et Guinié déjà cités au sujet de la grue à *équilibre constant*: Toutefois, comme ici il n'est pas nécessaire de développer une grande puissance, on n'a employé qu'un simple engrenage.

Le mouton est en fonte et du poids de 650 kilogrammes. Il est armé sur son plan supérieur d'une ganse en fer à laquelle vient s'accrocher une cisaille obéissant à un linguet placé à l'intersection des deux branches. La cisaille est terminée par un anneau en fer auquel est fixée une corde s'enroulant au tambour du treuil et qui passe dans une poulie de renvoi.

Lorsque le linguet est abandonné à lui-même la cisaille, que ne sollicite aucune puissance, se tient naturellement fermée ; mais elle est confectionnée de manière à obéir facilement à une action qui tendrait à la presser sur la ganse du mouton ou qui imprimerait un mouvement au linguet

Voici comment on obtient cette double action qui est la base du système :

D'abord le mouton est placé sur la tête du pieu et contre les cornières fixées sur les montants de la sonnette. La cisaille, retenue à une certaine hauteur, est, tout-à-coup, descendue sur le montant avec toute la vitesse qu'on peut obtenir par le déroulement de la corde fixée au tambour du treuil; la chûte ainsi obtenue suffit pour faire ouvrir la cisaille au moment où celle-ci vient choquer la ganse du mouton ; les choses une fois arrivées à ce point; on produit la tension de la corde, et le premier effet de cette tension est de faire prendre à la cisaille sa position normale, c'est-à-dire qu'elle se ferme en accrochant la ganse du mouton.

Dès que le mouton a atteint une hauteur jugée raisonnable pour le laisser s'abattre sur le pieu fiché en terre, un homme, tenant en main une corde fixée à l'extrémité du linguet, presse dessus avec force, et la cisaille, obéissant à cette sollicitation, s'ouvre et laisse échapper le mouton qui se précipite sur la tête du pieu en suivant la direction des cornières. Instantanément, la cisaille ramenée sur le mouton s'accroche de nouveau et recommence l'opération du battage.

D'ailleurs le système lui-même ne présente rien d'embarrassant. Il est placé d'ordinaire sur un chariot destiné à rouler le long d'une voie ferrée établie dans l'axe de la rangée des pieux à enfoncer.

Le moyen de locomotion est également bien simple. L'homme chargé de la manœuvre du linguet et le mécanicien suffisent pour faire mouvoir le chariot au fur et à mesure de l'avancement du battage. En ajoutant un homme encore pour diriger le pieu, on a l'ensemble de l'équipage nécessaire à la manœuvre.

Il est facile de voir combien l'application du treuil à vapeur à la sonnette présente d'économie. Il est vrai que le temps employé pour mettre le mouton en mouvement est sensiblement le même par la vapeur ou par bras d'hommes ; mais le premier système a cet avantage sur le second, c'est qu'il ne supporte aucune interruption et peut au besoin faire fonctionner un mouton d'un poids très-considérable.

Si avec l'ancien système, par exemple, on voulait employer un mouton de 650 kilogrammes, il serait impossible d'obtenir un travail continu des hommes chargés de la manœuvre : il faudrait se résigner à leur accorder des moments de repos assez multipliés , ou avoir à sa disposition un double équipage.

Avec la sonnette à vapeur personne ne se fatigue et l'on peut battre des pieux pendant toute la journée sans discontinuation du travail.

La course du mouton, réglée en moyenne à cinq mètres, exige quatre secondes ; c'est-à-dire que l'on peut facilement obtenir quinze coups par minute.

CHAPITRE VIII.

Transport des Blocs naturels.

On a indiqué dans le chapitre précédent toutes les manœuvres se rapportant au chargement des blocs, soit au pied des carrières, soit sur les chalands appropriés à les transporter jusqu'à destination. Il est utile de compléter ces indications, en décrivant, avec quelques détails, l'organisation des voies suivant lesquelles ces blocs sont dirigés sous les appontements.

Installation des voies ferrées. Pl. XVIII.

La planche XVIII comprend le système complet adopté pour le service d'une grue, et comme l'organisation en est uniforme, les lecteurs trouveront dans le type qui va être décrit des éléments suffisants pour apprécier l'ensemble des dispositions suivies à cet effet.

En dehors du système particulier à une grue, il existe une voie ferrée générale embrassant tout le front d'une carrière. Ce chemin principal est établi suivant une ligne sensiblement parallèle au pied de l'escarpement et forme la base de l'installation.

Dès qu'un point a été choisi pour l'emplacement d'une grue, on établit sur la voie principale trois embranchements dirigés vers la carrière. La grue est placée sur la voie centrale, et les deux autres voies sont destinées à recevoir les wagons plats sur lesquels on doit placer les blocs.

A l'origine de la voie centrale et de l'une des voies des carrières, sont soudées deux autres voies, l'une dite de *transport*, qui part de la voie centrale et se dirige directement sur l'appontement en passant devant la bascule où les blocs sont pesés ; l'autre, appelée *voie de gare*, qui s'embranche avec la deuxième voie des carrières, vient aboutir sur la voie de transport un peu à l'avant de la bascule.

Ces divers embranchements sont faits au moyen de plaques tournantes afin d'utiliser indistinctement tout le réseau de la manière la plus profitable à l'exploitation.

En général et dans les cas les plus ordinaires, voici comment on use du système adopté.

Un wagon est placé sur chaque voie des carrières ; la grue disposée sur la voie centrale est avancée, ainsi qu'on l'a fait remarquer dans un précédent chapitre, de manière à saisir les blocs détachés et à les placer sur l'un des wagons. Dès que ce wagon est chargé, les hommes postés pour recevoir et placer les blocs le poussent sur la voie de transport et le conduisent jusque sur le tablier de la bascule.

En retournant, les mêmes hommes s'emparent d'un wagon vide, toujours placé à l'extrémité de la bascule, et le ramènent au lieu du chargement en suivant la voie de gare.

Pendant que cette manœuvre s'effectue, deux autres opérations se font simultanément. D'abord la grue, ayant été tournée vers le wagon placé sur la seconde voie des carrières, y dépose son chargement ; en même temps, les hommes de l'appontement viennent prendre, pousser et décharger le wagon laissé devant la bascule par le premier équipage et ramènent le wagon vide à l'origine de la voie de gare. Alors que le second wagon plein est arrivé au pesage, les hommes de l'appontement s'en emparent, et le second équipage des carrières ramène le wagon vide, établissant ainsi un système ingénieux de va et vient.

Ce système, qui fonctionne depuis l'origine de l'installation, a permis d'obtenir une régularité fort précieuse pour le service des grues et des appontements. Cette combinaison dans laquelle il n'y a, de fait, aucune complication, a pour résultat d'utiliser, sans chômage, les hommes chargés des différentes manœuvres, et par conséquent de procurer des avantages très importants au point de vue de la dépense.

Le lecteur a pu voir que le service d'une grue exigeait l'emploi de cinq hommes, non compris le mécanicien : Pour le service d'un appontement six hommes suffisent à tous les besoins. Deux sont placés sur le plancher supérieur pour la manœuvre du treuil ; deux autres sont spécialement chargés de pousser les wagons pleins et vides de la bascule à l'appontement, de l'appontement à la bascule et d'accrocher les blocs à la chaîne du treuil ;

enfin les deux derniers sont uniquement chargés de recevoir les blocs à bord des chalands et de faire tenir aux hommes de l'appontement les chaînes dont ces blocs sont entourés, afin de les accrocher à la chaîne du treuil.

On voit, en définitive, que le service complet d'une grue exige en totalité l'emploi de douze hommes y compris le mécanicien et que, moyennant ce personnel, on parvient à charger, à transporter et à embarquer quatre-vingts mètres cubes de blocs dans une journée de onze heures de travail. C'est là, certes, un résultat qui témoigne hautement de l'excellence des moyens mis en œuvre par les entrepreneurs.

Plaques tournantes. Pl. XII.

En terminant ce chapitre, on doit faire observer aux lecteurs que les plaques tournantes employées pour les articulations des voies ferrées sont toutes à galets. Dans le début de l'installation, on avait adopté, selon l'usage déjà pratiqué, des plaques tournant sur des boulets; après quelques essais comparatifs on a reconnu l'excellence du dernier moyen et la préférence qu'il fallait accorder aux plaques à galets, et toute cette partie du matériel a été transformée. Ces plaques, en effet, fonctionnent avec une grande douceur, et obéissent sans efforts à tous les mouvements de rotation qu'on veut leur imprimer. On trouvera sur la planche XIX tous les détails relatifs à la confection de cette plaque perfectionnée.

SECTION TROISIÈME.

FABRICATION DES BLOCS ARTIFICIELS ET EMBARQUEMENT
DE CES BLOCS SUR LES CHALANDS.

CHAPITRE IX.

Disposition générale du chantier des Blocs artificiels.

A l'époque où fut dressé le devis de l'entreprise, les terrassements de l'ancien Lazaret n'étaient pas encore commencés : Dès-lors, il n'était pas possible de désigner, pour l'établissement du chantier des blocs artificiels, un point en dehors des ouvrages du port. Aussi le devis s'exprimait-il à ce sujet de la manière suivante :

« Les blocs seront fabriqués sur la partie de la jetée du large correspondant à l'avant-port actuel, en ce qui concerne ceux à immerger par « terre.

« Ceux qui devraient être transportés par mer seront fabriqués sur le « môle de l'*Emeraude*. Toutefois au bout de l'année qui suivra l'adjudica- Pl. XX.

» tion, cet emplacement devra être évacué pour les travaux du Dock-Entrepôt. L'atelier sera alors transporté sur un des points atterris de la
» côte d'Arenc qui sera désigné par l'ingénieur chargé de la surveillance
» des travaux. »

Il n'y a pas eu opportunité de faire l'installation provisoire prévue par le devis ; car au moment où l'installation du chantier était devenue indispensable, les travaux de déblai du Lazaret, poussés avec activité, présentaient déjà, en face de l'ancien bassin du Lazaret et au nord de la *Galerie des Princes*, un atterrissement qui pouvait suffire aux besoins de l'entreprise.

Les entrepreneurs ont également renoncé, dès le principe, à l'emplacement indiqué sur la jetée du large, pour la confection des blocs destinés à être immergés par terre, préférant avec raison concentrer toute leur installation sur un seul point, sauf à faire arriver sur la jetée du large, par des moyens mécaniques, les blocs qui devaient être immergés par terre pour la défense des talus et du couronnement de la jetée à construire.

Pl. XXI. L'emplacement sur lequel l'installation a été faite occupe un espace de quinze mille mètres carrés environ, fermé de tous côtés par un mur de clôture. Il comprend tout ce qui est nécessaire à l'établissement des diverses machines, aux approvisionnements des matériaux et à la fabrication des blocs. Cette dernière tient à elle seule un emplacement de forme rectangulaire qui a une longueur de 160 mètres du Nord au Sud et une largeur de 100 mètres. Sa partie extérieure est établie parallèlement à la ligne des quais, à 38 mètres de distance de cette ligne. Cet emplacement permet donc d'avoir un approvisionnement permanent de mille blocs environ, chaque bloc ayant une longueur de 3^{m} 40 et une largeur de 2 mètres.

Une grüe à vapeur placée sur un embarcadère établi en mer, au sud du chantier des blocs, est destinée à faciliter le débarquement des pierres cassées que les chalands apportent du Frioul pour la fabrication du béton.

Le sable arrive sur des tartanes qui abordent les enrochements placés en avant pour défendre le chantier contre l'action de la mer, et le débarquement se fait à bras d'hommes par les moyens ordinaires. Il est aussi approvisionné contre la ligne extérieure des blocs du côté de la mer.

La chaux vient par terre ; elle est entassée dans un hangar placé à proximité du chantier.

Les manéges à mortier sont établis sur un plancher situé le long du côté sud du chantier des blocs. Entre la première rangée des blocs et les manéges se trouvent placées les bétonnières dont il va être parlé.

En arrière de ce système, on a établi une machine à vapeur fixe, renfermée dans un bâtiment. Cette machine est destinée à mettre en mouvement tout ce qui se rattache à la confection du mortier et du béton.

L'installation des moyens de transport et d'embarquement est située le long du côté nord de l'emplacement occupé par les blocs. Cette installation consiste dans l'établissement, à 1^{m}50 au-dessus du niveau de la mer, d'une voie ferrée devant conduire les blocs sous un embarcadère approprié à leur chargement régulier sur les chalands.

Telles sont les dispositions générales adoptées pour l'installation de cet important chantier. Il importe à présent de décrire tous les détails se rapportant aux diverses opérations que nécessitent la confection des blocs artificiels, leur transport et leur mise en place.

CHAPITRE X.

Approvisionnement des Matériaux.

Chaux. Il a été indiqué à la section I, chapitre 2, les éléments qui entraient dans la composition des blocs artificiels, et il a été dit aussi que ces blocs étaient exécutés en béton avec mortier fait de chaux hydraulique et de sable de la mer. Il convient d'ajouter quelques mots sur l'approvisionnement de chacun de ces matériaux.

Aux termes du cahier des charges, la chaux destinée à la confection du mortier doit être fournie par l'administration ; cette matière, qui provient des carrières du Theil (Ardèche) appartenant à M. Pavin de la Farge, arrive sur le chantier en sacs et blutée. On la dépose dans le hangar construit à cet effet près des manéges à mortier.

Les moyens employés pour faire arriver la chaux sur les manéges seront indiqués dans le chapitre relatif à la fabrication du mortier.

Sable. Le sable est transporté par des tartanes qui abordent les enrochements placés en avant du chantier des blocs ; il provient, en général, du littoral de la mer près de Toulon et des *Iles de Riou* situées au sud de Marseille, entre cette ville et le port de La Ciotat. Ce sable, de formation marine, est d'une pureté remarquable ; de plus il est grenu, ce qui le rend très propre à la confection du mortier destiné à faire du béton ou de la grosse maçonnerie.

La mise en œuvre du sable a donné lieu à quelques mesures dont les détails trouveront naturellement leur place dans la description relative au mortier. Quant aux moyens de débarquement, ils consistent simplement dans le placement d'un plateau appuyé d'une part sur la tartane et d'autre part sur le rivage. Cependant comme les tartanes ne sont pas jaugées d'avance, on profite du débarquement pour faire le compte des fournisseurs. A cet effet, les manœuvres vident leurs paniers dans des caisses sans fond d'un volume déterminé, et il se fait là une opération analogue à celle pratiquée pour la mensuration des matériaux approvisionnés le long des routes.

Les pierres cassées destinées à la confection du béton proviennent des débris des carrières du *Frioul* d'où s'extraient les blocs naturels. Ces pierres, soigneusement choisies et réduites par le cassage aux dimensions réglementaires, sont approvisionnées en tas aux abords du quai d'embarquement *du Frioul* ; elles sont ensuite transportées sur des chalands portant cinquante mètres cubes environ et remorqués par un bateau à vapeur. Ces chalands viennent successivement se placer aux abords du chantier des blocs artificiels, le long d'un appontement établi sur l'eau et dont le plancher est à 3^m 65 au-dessus du niveau de la mer. Cet appontement, qui joue un rôle très important comme moyen de débarquement, est indiqué sur le plan du chantier. Pierres cassées. Pl. XXI.

L'installation de cette partie du chantier destinée aux pierres cassées a été faite en vue de satisfaire aux deux conditions suivantes : Débarquement des pierres cassées.

1° Approvisionner les pierres en tas sur un point présentant un accès facile et à l'abri des coups de mer.

2° Transporter les pierres au lieu de leur emploi, aussitôt que les bétonnières doivent être mises en mouvement.

Pour obtenir ce double résultat, on a établi d'abord un plancher sur les atterrissements formés sur la plage à deux mètres au-dessus du niveau de la mer. Ce plancher, qui forme en quelque sorte la base de toute l'installation, est étendu dans tous les sens et se prolonge jusqu'au bâtiment dans lequel est placée la machine servant à la fabrication du mortier et du béton ; c'est-à-dire qu'il règne au-dessous de toute la surface occupée par les manéges et les bétonnières.

Au-dessus de ce plancher et à la suite de l'appontement dont il vient d'être parlé, on a placé un pont-volant soutenu par des chevalets qui ont une élévation de 4^m 20 au-dessus du niveau de la mer. Ce pont-volant domine, par conséquent, de 2^m 20 le plancher inférieur, et de 55 centimètres la partie supérieure de l'appontement. Il supporte une voie ferrée spécialement destinée à l'approvisionnement en tas qui peut ainsi atteindre sans aucun inconvénient une hauteur de 2 mètres. Pl. XXII. Fig. 1re.

Pl. XXI.

Le plancher inférieur est sillonné, à partir du rivage et jusqu'au dessous des manéges, par un grand nombre de voies ferrées avec embranchements, destinées au transport direct des pierres cassées et à celui de ces mêmes pierres approvisionnées au niveau des rails au moyen de la voie supérieure.

Pl. XXII. Fig. 1re et 2e.

Une grue à vapeur, dont on donnera ci-après les détails, a été placée au-dessus de l'appontement. Cette grue a pour objet de descendre les wagons vides sur un point quelconque du chaland placé au-dessous du pont, et de porter ensuite les wagons chargés soit sur les voies inférieures, soit sur celle du pont-volant.

Pl. XXI et XXII.

On comprend de suite l'avantage qu'il y aurait d'utiliser exclusivement les voies inférieures au moyen desquelles les pierres sont conduites sous les manéges sans aucun remaniement ; mais si les Entrepreneurs s'étaient bornés à cette unique voie de débarquement, ils auraient été dans le cas de suspendre la confection du béton chaque fois que le mauvais temps n'aurait pas permis aux chalands de se tenir au-dessous de l'appontement. Il a donc été nécessaire de profiter des jours de beau temps pour faire sur le chantier et en dehors des besoins journaliers un approvisionnement considérable, en vue d'une suspension plus ou moins prolongée des moyens de débarquement.

La planche XXI fait connaître de quelle manière sont disposées les différentes voies destinées au transport direct et à celui des pierres approvisionnées sur le plancher inférieur. La planche XXII indique le mode de superposition des deux systèmes de voies. Au surplus, il se présentera l'occasion, dans le cours de cette section, d'entrer dans quelques détails explicites relatifs à toutes les voies ferrées dont il s'agit ici.

Il a été dit, à la fin du chapitre II de la première section, que les pierres cassées destinées à la confection du béton étaient préalablement lavées et dépouillées de toute partie argileuse ; voici le mode de lavage employé sur le chantier.

Lavage de la pierre cassée.

Pl. XXII. Fig. 3.

Sur le rivage il a été creusé un puisard communiquant avec la mer et dont la profondeur permet d'avoir au minimum un mètre de hauteur d'eau. Une noria, mue par la grande machine à vapeur fixe, élève les eaux au niveau d'une conduite qui est soutenue à une hauteur de 2 mètres environ au-dessus du plancher inférieur, et dont l'issue se trouve au point où la voie de transport direct des pierres cassées se bifurque avec celle de l'approvisionnement. Les caissons des wagons étant percés au fond d'un grand nombre de trous, l'eau qu'ils reçoivent, dès leur arrivée à l'aplomb de l'issue de la conduite, s'échappe par ces orifices et produit ainsi un lavage aussi prompt que complet.

On peut jeter les yeux sur les planches XXI et XXII pour avoir une idée exacte de cette opération qui a bien son importance dans la fabrication du béton.

Pour compléter ce chapitre, il ne reste plus qu'à faire connaître la grue à vapeur au moyen de laquelle s'effectue le débarquement des pierres cassées. Grue pivotante à vapeur.

Cette grue présente, comme application, un caractère assez singulier. Son aspect extérieur considéré dans son ensemble simule assez une guérite suspendue portant une sorte de mâture inclinée; ce qui étonne le plus le public, peu initié dans les détails d'une installation de grand chantier, c'est de voir cette longue mâture et la guérite elle-même se mouvoir sans effort apparent et décrire à volonté un mouvement circulaire.

On voit qu'il s'agit ici d'une grue pivotante et que ce qu'on prend pour une guérite, n'est autre chose qu'une grande caisse en tôle dans laquelle se trouve renfermé tout ce qui constitue l'appareil proprement dit, y compris la machine à vapeur, et contenant en même temps un réduit à l'usage du mécanicien.

La planche n° III présentant la vue générale du chantier permet, du reste, de se rendre compte de l'effet que produit cette partie de l'installation.

La grue est placée sur le prolongement du pont-volant destiné à l'approvisionnement des pierres cassées. Sa base est formée par un plancher établi en mer sur pilotis et dominant le niveau de la voie de transport de 0^m 65. Ce plancher, de forme carrée, a des côtés de 5^m 80 de longueur.

La caisse, qui est de forme rectangulaire, présente les dimensions suivantes : longueur 3^m 20; largeur 2^m 24; hauteur 4^m 37. Pl. XXIII et XXIV.

C'est dans l'espace renfermé dans les dimensions ci-dessus qu'on a logé tout le mécanisme et le mécanicien. La caisse est divisée en trois compartiments par les bâtis en fonte, espacés d'un mètre, occupant la partie centrale, et qui s'élèvent presque à la paroi supérieure.

Le premier compartiment est le siége de la machine à vapeur; le second contient toutes les pièces relatives au treuil seulement; dans le troisième se trouve la caisse d'alimentation et un volant dont l'usage sera indiqué plus loin. La chaudière de la machine est placée dans la partie postérieure de l'enceinte mobile, c'est-à-dire derrière les compartiments formés par les bâtis.

Ainsi qu'on l'a dit ci-dessus, tout le système est établi de manière à obéir à un mouvement de rotation, indépendamment de l'action directe de la grue qui élève ou abaisse à volonté un corps suspendu à la chaîne enroulée sur le tambour. Il était difficile, en effet, d'isoler ce mouvement de rotation et de le restreindre au mât de la grue; on a pris le parti de soumettre à ce mouvement la guérite elle-même.

Voici comment les choses ont été disposées pour obtenir ce résultat.

On a d'abord placé au-dessus du plancher une grande plaque en fonte carrée ayant 2m 50 de côté et 0m 05 d'épaisseur. Au centre de cette plaque, solidement fixée au plancher par quatre boulons, on a disposé une sorte de goulot en fonte, de forme légèrement conique et retenu au moyen de nervures faisant corps avec la plaque et rayonnant autour de la cavité produite par le goulot. En un mot, l'espace général de cette fondation est celui d'une pyramide tronquée, au centre de laquelle se trouve un vide circulaire destiné à recevoir un corps quelconque.

Au-dessus de cette plaque est placé un cadre également en fonte, présentant à sa partie centrale un vide correspondant au goulot de la plaque de fondation sur les côtés duquel viennent s'appuyer les bâtis du treuil.

Le côté-avant de ce cadre est renforcé par une nervure qui se développe en quart de rond autour d'un second goulot dans lequel est solidement fixé, au moyen de brides, le mât de la grue.

La caisse en tôle ou soit la guérite est fortement attachée sur le cadre par des rivets et par le poids des bâtis de la grue qui reposent, ainsi que cela a été déjà dit, sur les montants de ce cadre.

Outre une entretoise placée à leur extrémité supérieure, les bâtis sont maintenus à la hauteur de 3 mètres environ par une forte pièce en fonte remplissant tout-à-fait les fonctions d'un chapeau au centre duquel on a ménagé l'emplacement de deux lentilles propres à faciliter le mouvement de rotation.

Enfin, le système est complété par l'établissement d'un pivot fixe de forme conique, dont la base inférieure est de 0m 21 de diamètre et la base supérieure de 0m 12 seulement. Ce pivot, qui traverse la caisse et le cadre, repose d'une part dans le goulot inférieur fermé par les nervures de la plaque de fondation, et d'autre part, dans la crapaudine ménagée dans l'épaisseur du chapeau.

On voit par l'ensemble de ces dispositions, qu'à l'exception du pivot, les pièces principales de l'appareil sont solidaires et que le cadre, la caisse et tout ce qu'elle contient doivent obéir à un même mouvement et tourner autour de ce pivot.

Il convient d'expliquer sommairement comment on est parvenu à imprimer les divers mouvements nécessaires pour faire accomplir à la grue le travail attribué à cet instrument.

Il faut naturellement commencer par le mouvement de rotation qui est ici la question principale.

Le pivot porte vers sa partie inférieure une grande roue à engrenage solidement attachée à ce pivot. En regard de cette roue, se trouve fixée aux bâtis une vis sans fin destinée à tourner autour de la roue fixe et par conséquent du pivot. Cette vis est mise en mouvement par un système de poulies et de courroies qui obéissent à une roue d'engrenage, impressionnée elle-même par un pignon dont l'arbre de couche s'adapte à la bielle à manivelle. Cette bielle est soumise à son tour à l'action directe de la machine à vapeur.

Ce mouvement est donc très facile à obtenir. Le mécanicien n'a qu'à diriger la vapeur de manière à impressionner le pignon qui correspond à la roue d'engrenage à laquelle sont soumises les poulies et les courroies de la vis sans fin, pour faire tourner le système autour du pivot. Il y a plus : la distribution de vapeur dans les cylindres de la machine, s'opérant d'une manière semblable à celle déjà décrite pour la *grue à équilibre constant*, on peut, au moyen d'un volant placé à proximité, impressionner les pistons dans un sens ou dans un autre et obtenir par là un mouvement de gauche à droite et *vice-versa* selon les besoins de l'opération.

Quant au mouvement vertical, il est obtenu aussi facilement que le précédent. Il suffit au mécanicien d'approcher un tendeur disposé à cet effet, pour produire un déclanchement qui rend folles les poulies spécialement appliquées au mouvement de rotation, et soumet à l'action de la roue animée par la manivelle tout le système qui fait alors mouvoir le tambour sur lequel s'enroule et se déroule la chaîne passant par le bec de la grue.

Il est bon de faire remarquer que ce dernier mouvement, comme le premier, est commandé par la position du volant correspondant aux tiroirs de la machine, de telle sorte qu'on fait enrouler ou dérouler la chaîne selon que le volant tourne à droite ou à gauche.

Enfin le système est mis en mouvement ou réduit à l'état d'immobilité par l'effet d'une pédale placée sous les pieds même du mécanicien ; car elle ouvre ou ferme l'accès de la vapeur dans les cylindres de la machine.

On trouvera d'ailleurs sur les planches nos XXIII et XXIV tous les détails se rattachant à cet instrument, qui diffère des grues pivotantes usitées, par des dispositions ingénieusement combinées en vue de l'installation particulière du chantier. On doit dire, pour compléter cette description, que la machine à vapeur, appliquée à la grue, est de la force de huit chevaux, et qu'elle suffit largement pour soulever un wagon chargé de pierrailles et pour exécuter les diverses évolutions nécessaires.

CHAPITRE XI.

Confection du Mortier.

La confection du mortier destiné à la fabrication du béton et par conséquent des blocs artificiels a été l'objet d'une attention toute particulière de la part des entrepreneurs. On conçoit parfaitement la préoccupation des intéressés pour une opération qui forme, en quelque sorte, la base de cette partie importante du chantier ; il est certain que le mortier devant jouer un rôle très important dans la fabrication des blocs artificiels, il fallait user de moyens sûrs et énergiques, afin de produire, d'une manière constante, des quantités en rapport avec l'activité du chantier.

Machine fixe servant de force motrice à toute l'installation.

Pl. XXV.

On n'a point hésité à écarter le vieux système de la manipulation à bras d'hommes, et à adopter résolument une combinaison de manéges, dont l'ingénieuse application dût pourvoir aux besoins multipliés de l'entreprise. Seulement, les entrepreneurs, enclins par un intérêt bien entendu, à restreindre autant que possible l'emploi des manœuvres et des chevaux, ont soumis le mouvement des manéges à l'action d'une machine à vapeur, ce qui donne à cette partie de l'installation un caractère vraiment original. Cette machine à vapeur sert en même temps à plusieurs usages se rapportant tous, néanmoins, à la fabrication des blocs artificiels ; on verra qu'elle est utilisée non seulement pour monter et descendre le sable, la chaux, les pierres cassées, le mortier, mais encore pour la confection du béton et la mise en mouvement d'une noria.

Pl. XXVI.

Cette machine est représentée par la planche XXVI. Son cylindre est horizontal : elle est à haute pression, avec détente et condensation. Sa force est de 15 chevaux. On en fera connaître les applications toutes les fois qu'il sera parlé des parties de l'installation pour lesquelles elle est utilisée.

Jeu des manéges et leur description. Pl. XXVII.

Les manéges, au nombre de trois, sont placés sur une aire en charpente établie à 3m 05 au-dessus du plancher général dont il a été question ci-dessus et qui sert, en quelque sorte, de base principale à toute l'installation.

Pl. XXVIII.

Cette aire, soutenue par un nombre suffisant de poteaux convenablement disposés pour ne point gêner la circulation dans l'espace compris entre les deux planchers, ainsi qu'on s'en convaincra par l'examen du plan de l'aire inférieure, était indispensable pour alimenter les manéges et pour mettre ceux-ci en rapport avec la machine moteur.

L'aire réservée au service des manéges est placée normalement et à peu de distance du bâtiment où se trouvent enfermés la machine à vapeur et les approvisionnements de chaux. Elle est de forme rectangulaire et mesure une longueur d'environ 20 mètres et une largeur de 10 mètres.

L'espace laissé entre l'aire des manéges et les bâtiments est occupé par un balancier dont il sera parlé ci-après.

Les manéges, entièrement en fonte, sont disposés suivant l'axe de l'aire et à égale distance l'un de l'autre. Ils se composent d'une auge circulaire et d'un système de roues pour effectuer le broyage. Le diamètre du grand cercle est de 4m 40. L'auge de forme trapézoïdale a une longueur de 0m 70 en gueule, réduite à 0m 50 au plafond, et comme la profondeur est de 0m 50, il s'ensuit que l'inclinaison des parois est de dix degrés.

Le système de broyage, composé d'engins fort simples, doit fixer l'attention des praticiens. Chaque manége contient trois roues et une griffe à trois branches : les roues et la griffe sont fixées à des essieux réunis de manière à diviser exactement la circonférence de l'auge en quatre parties égales ; mais la chose la plus ingénieuse, c'est la disposition particulière que l'on a donnée aux essieux pour produire le résultat suivant : dans le mouvement de rotation imprimé aux manéges, deux roues sont constamment tangentes l'une à la paroi intérieure et l'autre à la paroi extérieure de l'auge, tandis que la troisième occupe le milieu du plafond. La griffe est arrangée de telle sorte que les trois branches raclent l'auge sur toute sa section ; une pareille disposition assure le broyage le plus actif et le plus parfait qu'on puisse concevoir.

Quant à la transmission du mouvement aux manéges, c'est la rencontre d'un arbre de couche animé par la machine à vapeur avec des arbres verticaux correspondant à chaque manége et auxquels sont adaptés les essieux.

Une roue d'engrenage placée sur l'arbre de couche et à l'extrémité de chaque arbre vertical suffit pour imprimer à tout le système le mouvement de rotation nécessaire à la fabrication du mortier.

Il est à remarquer en outre qu'au fond des auges on a ménagé une ouverture divisée en deux sections égales servant à écouler le mortier fabriqué dans des wagons placés sur des rails qui sont posés sur le plancher inférieur. Chaque section de cette ouverture, de forme rectangulaire, a une longueur de 0m 45 et une largeur de 0m 10. Elles sont fermées, pendant la fabrication du mortier, au moyen d'une trappe en fonte fixée à l'auge par des charnières et par une gâche. Cette trappe, qui sert en même temps de couloir, est retenue au moyen de chaînes fixées aux poteaux soutenant l'aire. La longueur de ces chaînes est calculée de manière à faire prendre à la trappe, lorsqu'elle est ouverte, l'inclinaison nécessaire pour précipiter et diriger le mortier dans les wagons.

Pour compléter la description relative à la fabrication du mortier, il reste à indiquer les moyens mis en usage pour faire arriver le sable, la chaux et l'eau à proximité des manéges. A cet effet on doit rappeler aux lecteurs, qu'au début de ce chapitre, en faisant connaître la position et les dimensions de l'aire à mortier, il a été dit qu'on avait ménagé, entre le bâtiment de la machine et l'origine du plancher, un espace suffisant pour l'emplacement d'un balancier. Cet instrument jouant ici le principal rôle, il convient d'en faire connaître le jeu, pour que les lecteurs puissent en apprécier toute l'utilité.

Ce balancier est composé de deux plateaux carrés retenus à chacun de leurs angles par des tringles en fer fixées à l'extrémité d'un fléau en bois, lequel est soutenu par une charpente. Contrairement à la loi rigoureuse de l'équilibre, les moments de cette balance sont inégaux, c'est-à-dire que le point d'appui du fléau est fixé de manière à ce que l'instrument livré à lui-même penche d'un seul côté. Balancier à vapeur. Pl. XXXII.

Il a fallu, pour utiliser ce balancier d'une manière profitable, trouver le moyen de régler le mouvement du plateau qui tend à entraîner tout le système, et de relever assez celui-ci pour lui faire atteindre, dans un moment donné, la hauteur du plancher supérieur.

On a obtenu ce double résultat au moyen d'une petite machine à vapeur auxiliaire placée à l'aplomb du fléau. Voici comment agit cette machine qui, du reste, est alimentée, à l'aide d'un tuyau, par la chaudière de la grande machine dont il a été déjà parlé.

D'abord les tiroirs à double compartiment sont disposés de manière à impressionner le piston en deux sens différents, et à arrêter toute espèce de mouvement par l'effet d'un tuyau d'échappement. La direction de la vapeur est mise à la disposition du mécanicien par le simple mécanisme d'un levier placé à proximité et qui correspond aux tiroirs de la machine. Enfin, au piston est adaptée une bielle excentrique dont les deux tiges sont fixées sur un sabot en fonte qui est lui-même solidement attaché sur le fléau du balancier et sur la plus longue branche du bras de levier. On conçoit tout de suite l'effet que doit produire le jeu du piston sur un système ainsi arrêté : dès que l'on veut faire élever le plateau qui incline naturellement, on agit sur le piston pour le faire monter : la bielle obéit à ce mouvement, et par suite, le fléau se relève de toute la course du piston. Il est inutile de dire que cette course est combinée de manière à ce que son maximum d'étendue corresponde exactement avec le mouvement nécessaire, c'est-à-dire que le piston se relève juste assez pour ramener et maintenir le plateau placé du côté de la machine à la hauteur du plancher supérieur et forcer conséquemment l'autre plateau de descendre sur le plancher inférieur. Le mouvement inverse se fait aussi facilement que le précédent en impressionnant le piston de manière à le faire descendre : le fléau du balancier est contraint de suivre ce mouvement par suite du défaut d'équilibre résultant de sa position par rapport au point d'appui. Le plateau, cessant d'être soutenu par les tiges de la bielle, descend donc rapidement jusqu'au niveau du plancher inférieur, pendant que l'autre plateau s'élève à la hauteur de l'aire des manéges.

En résumé, on peut dire que la balance n'est jamais en équilibre et que la vapeur est employée uniquement pour vaincre la force résultant de l'inégalité des bras de levier formant les deux parties du fléau.

Un détail d'une combinaison heureuse, c'est la disposition particulière du levier régularisant les fonctions de la vapeur. Ce levier est disposé pour que sa direction soit parallèle à celle du fléau de la balance, de sorte que le mécanicien est toujours en mesure de satisfaire avec certitude aux besoins de l'opération. Veut-il faire pencher le plateau d'un certain côté, il gouverne son levier pour lui faire prendre la direction qu'il désire donner au fléau, et aussitôt tout le système obéit. La planche XXXII rend parfaitement compte de cette manœuvre à laquelle se réduisent pratiquement toutes les autres.

Voies ferrées des manéges. Pl. XXVII et XXVIII.

Il est facile de comprendre tout le parti qu'on a su tirer d'un instrument qui établit entre les deux planchers les communications les plus promptes et les plus aisées. Du reste, ce système d'ascension est complété par l'établissement d'un nombre suffisant de voies correspondant aux lieux d'approvisionnement des matériaux, soit du sable, soit de la chaux.

Avant de décrire la position respective de ces voies, il faut dire d'abord que les plateaux du balancier portent des rails absolument semblables à ceux des voies de transport, et que l'un des plateaux est exclusivement réservé aux approvisionnements servant à la confection du mortier. On verra plus loin que l'autre plateau est utilisé exclusivement pour la fabrication du béton.

Pour le transport du sable, il a été établi une voie qui prend naissance au bord même de la mer et vient aboutir à l'aplomb du balancier, en suivant sur la plus grande partie de sa longueur une direction parallèle à l'aire des manéges. La voie relative au transport de la chaux est établie dans le prolongement de la précédente et vient aboutir sous le hangar servant à abriter l'approvisionnement de la chaux, situé derrière le bâtiment de la grande machine à vapeur.

Au-dessus de l'aire et faisant suite également aux rails du plateau du balancier, est établie une voie parallèle à celle du sable. Cette voie longe les trois manéges du côté méridional.

Ainsi un wagon de sable arrive du bord de la mer jusque sur le plateau du balancier : dès que le wagon est placé, il suffit d'un simple coup de levier pour que le plateau s'élève au-dessus de l'aire ; des hommes postés poussent alors le wagon sur la voie qui longe les manéges et le font ainsi arriver en face du point où il doit être déchargé. Quant cette opération est terminée, on ramène le wagon sur le plateau du balancier et par un mouvement inverse à celui qui a produit l'ascension, le wagon vide est descendu sur la voie inférieure d'où il est dirigé sur le point d'approvisionnement du sable.

Après avoir examiné la manœuvre qui vient d'être décrite, on s'est demandé peut-être, comment il se fait qu'avec une seule voie, on puisse, sans faire languir l'approvisionnement des manéges, monter et descendre par un même plateau du balancier plusieurs wagons de sable.

Pour expliquer ce mécanisme il suffira de suivre avec un peu d'attention les explications suivantes, qui viennent ici avec d'autant plus d'à-propos qu'elles conduisent à relater d'une manière en quelque sorte matérielle, les résultats des combinaisons de la chaux et du sable dans la fabrication du mortier hydraulique.

Proportion à garder dans l'emploi des éléments du mortier.

D'après les conditions du cahier des charges de l'entreprise, le mortier hydraulique destiné à la confection des blocs doit se composer de *cinq parties* de sable et de *trois parties* de chaux blutée. Il a été reconnu que pour exécuter rigoureusement cette condition, la fabrication d'un mètre cube de mortier exigeait l'emploi de *quatre-vingt-dix centièmes* (0^{m} 90) de mètre cube de sable et 340 kilogrammes de chaux. En rapportant cette dernière quantité à l'unité de volume, la densité de la chaux, mesurée en poudre et sans tassement étant de 600 kilogrammes par mètre cube, il en résulte que chaque mètre cube de mortier exige l'emploi de 0^{m} 54 de chaux ; en conséquence, ces deux éléments pris ensemble et avant le mélange présentent un volume total de 1^{m} 44. Ce volume coïncide parfaitement avec la proportion exigée, savoir :

Sable	$\frac{1,44 \times 5.}{8}$ = ...	0^{m} 90
Chaux	$\frac{1,44 \times 3.}{8}$ = ...	0 54
	Total pareil. . . .	1^{m} 44

Or, d'après les dimensions des manéges et particulièrement des auges, chaque broyée donne exactement 0^{m} 84 cubes de mortier, ce qui fait pour les trois manéges 2^{m} 52. En suivant la proportion indiquée ci-dessus pour fournir à cette fabrication, il faut disposer des quantités suivantes :

Sable	2^{m} 26
Chaux	1 36
Ensemble	3^{m} 62

Le sable est fourni au moyen de trois wagons cubant chacun 0^{m} 83 et la chaux arrive d'une seule volée sur l'aire par la raison que voici : Ainsi que cela se pratique usuellement, la chaux blutée est soigneusement enfermée dans des sacs contenant en moyenne 45 kilogrammes ; 18 de ces sacs sont arrangés sur un wagon plat qui est élevé d'un seul coup sur l'aire des manéges. Ces 18 sacs contiennent ensemble 810 kilogrammes ce qui correspond au volume de 1m 36 nécessaire pour fabriquer 3m 62 de mortier représentant la broyée de trois manéges.

Il résulte en définitive de ces détails que pour répondre convenablement aux besoins actifs de cette partie de l'installation, il faut et il suffit qu'au moment de commencer une broyée il arrive successivement sur l'aire, et pour ainsi dire sans interruption, quatre wagons dont un de chaux et trois de sable. Les dimensions de l'aire et les dispositions adoptées dans l'ordre de l'ascension des wagons ont permis de pourvoir à cette opération fort nécessaire.

Il est utile de rappeler à cet égard que le développement de l'aire dans le sens de la longueur est de 20 mètres et que, dès-lors, il reste en avant des manéges une longueur de plancher assez considérable. Cette longueur, non utilisée par les manéges, forme une sorte de gare sur laquelle, sans gêner la manipulation, on peut placer trois wagons. Le quatrième ne pouvant y trouver place, on y supplée en faisant monter le wagon de la chaux. Les dix-huit sacs sont répartis entre les trois manéges; le wagon est alors descendu et ramené vers le hangar. Immédiatement après, les trois wagons de sable sont élevés successivement; le premier est déchargé contre le manége le plus éloigné et mis aussitôt en gare; le second fournit au deuxième manége et le troisième au premier. Dès que tout a été déchargé, on procède à la descente successive des wagons qui viennent prendre place sur la voie de transport pour être ramenés par un seul homme sur le point d'approvisionnement.

Durée de la broyée.

La durée de la broyée est de quinze à vingt minutes et comme les lieux d'approvisionnement ne sont pas très éloignés, le temps se trouve parfaitement réglé, c'est-à-dire que dès qu'une broyée est terminée, les wagons chargés de sable et de chaux arrivent sur l'aire pour alimenter de nouveau les auges. A voir l'ordre qui règne dans cette partie de l'installation et le peu de personnes employées à la fabrication du mortier, on ne se douterait jamais de l'importance de sa production; on peut cependant se faire une idée de l'activité de ce chantier, en remarquant qu'il produit environ treize mètres cubes de mortier par heure, avec trois manéges et le secours de six hommes seulement.

Approvisionnement de l'eau pour le mortier.

Dans la description ayant trait à la fabrication du mortier, et qu'il est utile de compléter, il n'a été rien dit encore de l'eau qui est cependant ici un aliment indispensable. L'eau destinée à la fabrication du mortier provient du canal de Marseille; elle est amenée sur l'aire des manéges dans des tuyaux mis en communication avec la canalisation de la ville et dans laquelle il existe une pression suffisante. Deux cornues sont disposées entre le premier et le second manége, et entre le second et le troisième. Ces cornues sont alimentées et réglées au moyen de robinets ; l'eau est versée dans l'auge des manéges avec des seaux à manche ; ces seaux contiennent environ huit litres et la règle est d'en verser vingt-huit à chaque manipulation, ce qui fait 224 litres par broyée.

Fabrication du mortier. La fabrication du mortier proprement dite s'opère de la manière suivante : premièrement la chaux est versée seule dans l'auge et une fois répandue uniformément, on introduit l'eau nécessaire pour obtenir une pâte molle ; ce résultat obtenu, alors seulement on répand le sable. Le mélange se fait avec une rapidité étonnante et ce qu'il y a de très remarquable dans cette manière de procéder, c'est que toutes les broyées sont uniformes entre elles, c'est-à-dire que le mortier obtient toujours le même degré de manipulation ; car la disposition des choses est telle qu'il est possible, pour avoir un mélange rigoureusement égal pour toutes les broyées, de compter le nombre de tours faits par les manéges.

Décharge des manéges. Dès que la broyée est terminée, un homme approche un wagon sous chaque manége, ouvre la trappe dont il a été parlé ci-dessus et le mortier s'échappant par cette ouverture se précipite dans le wagon. Pour en faciliter la sortie, une vanne a été ajoutée à la griffe qui sert au broyage. Aidée par le mouvement de rotation, cette vanne râcle parfaitement l'auge dans toute sa surface et l'oblige ainsi à rendre entièrement la matière qu'elle renferme.

On verra au chapitre suivant ce que devient le mortier ramassé dans les wagons et on trouvera, en outre, sur les planches XXX et XXXII les dessins des wagons employés pour le transport du sable et de la chaux. Voici, du reste, quelques mots d'explication relatifs à ce matériel de transport.

Wagon à sable. Pl. XXX. Les wagons du sable sont formés d'un chariot en fonte composé de deux essieux et de quatre roues : au-dessus de ce chariot est placé un cadre en bois portant un axe mobile en fer sur lequel est fixée la caisse. Cette caisse de forme rectangulaire est en tôle forte : trois de ses côtés sont parfaitement assemblés, mais le quatrième côté est mobile ; c'est-à-dire qu'il est retenu à sa partie supérieure par des charnières et fermé dans le bas au moyen d'un crochet correspondant à un tourniquet qu'un homme fait mouvoir facilement.

L'axe mobile sur lequel repose la caisse du wagon permet, avec une très faible force, de déterminer un mouvement de bascule ; pour obtenir ce résultat, il suffit de presser la partie supérieure de la caisse, qui alors tend à se renverser ; mais dans le but d'éviter cet inconvénient, et afin de régler l'inclinaison qu'il convient de donner à la caisse pour faciliter la décharge, on a placé un taquet en bois sur le chassis du chariot, de sorte que l'homme chargé de déterminer le mouvement de bascule peut pousser le chariot sans appréhension jusqu'à ce qu'il soit averti par le point d'arrêt. Le même homme, sans changer de place, fait agir le tourniquet, décroche le côté mobile de la caisse et aussitôt le sable se précipite sans le secours d'aucun autre moyen.

CHAPITRE XII.

Fabrication du Béton.

L'installation relative à la fabrication du béton a beaucoup d'analogie avec celle appropriée à la confection du mortier : elle en diffère seulement par l'emploi de moyens peu connus encore et contre lesquels un grand nombre de constructeurs conservent des préventions. Il s'agit ici des cylindres manipulateurs. Bien des praticiens se sont élevés souvent avec force et rigueur contre l'usage de ces cylindres destinés à effectuer le mélange de la chaux avec la pierraille. On disait, par exemple, que dans le mouvement de rotation imprimé au cylindre, les corps les plus denses tendaient à occuper la partie centrale et à rejeter dès-lors vers la circonférence le mortier dont la densité était inférieure à celle des cailloux cassés. Mieux vaut, disaient les praticiens, s'en tenir à la broyée faite sur une aire au moyen de rateaux ou de rabots à dents.

Il est certain que cette question examinée d'une manière absolue serait peut-être résolue en faveur de l'ancien système ; mais pour le béton, comme pour beaucoup d'autres choses, la recherche de l'absolu occasionne souvent bien des mécomptes aux hommes les plus expérimentés. Ici, par exemple, le fait en lui-même, dégagé de toute appréciation y relative, a fait cesser les appréhensions qui paraissaient le mieux fondées ; cela a tenu à quelques barres de fer, placées avec intelligence dans l'intérieur des cylindres, qui ont neutralisé la cause qui aurait pu faire appréhender des effets douteux. On reviendra, du reste, sur ces détails fort intéressants ; il suffira de dire, pour le moment, que bien que prescrit par le devis, le broyage par rabots a été écarté et qu'on a résolument substitué à l'ancien système celui des bétonnières cylindriques, à la grande satisfaction des ingénieurs qui, après de nombreuses expériences, ont reconnu là un véritable progrès sous le double rapport de la rapidité et de la bonne confection.

Le béton est fabriqué sur une aire en planches semblable à celle des manéges à mortier et disposée au nord contre cette dernière ; seulement le plancher est établi à $1^m 50$ en contre-bas de celui des manéges, afin de faciliter l'introduction du mortier dans les bétonnières, ainsi que cela sera expliqué plus loin.

Pour seconder le mouvement des wagons chargés de la pierre cassée et du mortier, on a construit un plancher auxiliaire au niveau de celui des manéges sur lequel est placée une *Romaine* mue par un treuil à bras. Ce plancher, qui fait suite aux deux autres, est dirigé obliquement vers le rivage pour ne pas obstruer ou , du moins , gêner la circulation sur les voies inférieures.

L'une de ces voies destinée au transport de la pierre cassée est établie parallèlement à celle du sable et vient aboutir par conséquent sur le second plateau du balancier à vapeur. Elle est prolongée jusqu'aux abords de la grue pivotante destinée exclusivement à la décharge des pierres cassées et se ramifie au moyen de plaques tournantes de manière à aboutir sur divers points de l'entrepôt.

Une seconde voie parallèle à la précédente est également établie entre le point de débarquement de la pierre cassée et l'extrémité du plancher auxiliaire qui supporte la *Romaine*. Cette voie avec ses diverses ramifications est soudée à la voie principale au moyen de branchements articulés. Ce système de voies inférieures est complété d'abord par une voie transversale touchant à toutes les voies de transport des pierres cassées et qui conduit les wagons chargés sous la buse destinée au lavage des graviers et ensuite par des branchements établissant les communications entre la voie principale et le dessous des manéges où vont se placer les wagons dans lesquels on verse le mortier fabriqué.

Sur le plancher supérieur formant l'aire des manéges, il existe aussi une voie correspondant au second plateau du balancier : cette voie longe les manéges du côté du nord et suit toute la longueur du plancher auxiliaire de la *Romaine*.

Enfin, en regard de chaque manége et normalement à la voie dont il vient d'être parlé, on a établi sur le plancher des bétonnières des voies ferrées sur lesquelles elles se meuvent, soit pour venir recevoir le mortier et les pierres cassées qu'elles doivent manipuler, soit pour faciliter leur translation au-dessus des *caisses-moules*.

Tel est l'ensemble des dispositions qui ont été prises pour faire arriver sur le lieu de leur emploi et dans les conditions voulues, les éléments au moyen desquels le béton doit être fabriqué.

Avant de décrire d'une manière détaillée l'usage pratique de ces divers moyens, il est utile de faire connaître aux lecteurs les principaux instruments dont on se sert soit pour le transport des pierres et du mortier, soit pour la fabrication du béton. Ces instruments sont :

1° La Romaine;
2° Les Wagons à Mortier;
3° Les Wagons à Gravier;
4° Les Bétonnières;
5° La Noria.

Romaine. Pl. XXXI.

La *Romaine*, comme construction, est semblable au balancier à vapeur dont il a été parlé au chapitre précédent ; seulement elle n'a qu'un plateau suspendu à l'extrémité d'une verge ou bras de levier, formé de deux pièces de bois reliées entr'elles par des tirants.

Le point d'appui est déterminé par un échafaudage suffisamment élevé pour pouvoir donner à la romaine une course égale à la différence de niveau existant entre les deux planchers. Il est formé d'un simple coussinet en fonte dans lequel se meut un genou fixé solidement au bras de levier. Le peson de la romaine est représenté par un treuil solidement attaché au plancher et dont la chaîne, qui s'enroule et se déroule sur le tambour, passe dans une poulie fixée à l'extrémité de la verge. Un homme suffit pour la manœuvre du treuil et, par conséquent pour faire monter ou descendre le wagon placé sur le plateau de la balance.

Wagon à Mortier. Pl. XXXIII.

Les *wagons à mortier* sont construits similairement aux wagons du sable déjà décrits à la fin du chapitre précédent ; seulement, la caisse de ces derniers est divisée en trois compartiments égaux au moyen de cloisons en tôle ; cette division existe également pour la paroi mobile ; c'est-à-dire, qu'à chaque compartiment, correspond une fermeture indépendante retenue par un crochet. Cette disposition a une grande importance, parce qu'elle permet de régler le dosage du mortier dans les bétonnières, ainsi qu'on en jugera ci-après.

Ces explications, jointes à celles qui ont été données pour les wagons du sable, permettront de comprendre dans tous leurs détails les dessins des planches numéros XXX et XXXIII.

En ce qui concerne les wagons pour le transport de la pierre cassée, on doit s'en rapporter de nouveau à ceux du sable, avec lesquels ils ne diffèrent que par la disposition particulière du fond qui, pour le gravier, est percé d'un grand nombre de trous destinés à donner passage à l'eau que la noria jette dans les wagons chargés pour effectuer le lavage prescrit par les conditions du devis. Wagon à Gravier. Pl. XXXIV.

En regard de chaque manége, et en face des voies où sont placées les bétonnières, on a fait une sorte de plan incliné dont la hauteur correspond exactement à celle des taquets qui règlent l'inclinaison de la caisse des wagons, et la base à l'extrémité du plancher contre lequel les bétonnières viennent se placer. Ce plan incliné formé de deux pièces de bois seulement porte une levure de chaque côté, ce qui le transforme en véritable couloir servant à transmettre sans perte dans les bétonnières, soit les graviers, soit le mortier, contenus dans les wagons. Pl. XXIX. Fig. 2.

Les bétonnières se composent de diverses parties qu'il importe de connaître parfaitement pour apprécier cette installation et pour faire la distinction des moyens connus d'avec ceux qui sont dus à l'initiative des entrepreneurs. Bétonnières. Pl. XXXV.

La partie fondamentale de la bétonnière est formée d'un char en fer composé de deux essieux, semblables à ceux des wagons et d'un cadre rectangulaire ou chassis ayant une longueur de 1^m 80 et une largeur de 1^m 74, dépassant par conséquent la largeur de la voie sur laquelle le char doit rouler.

Les côtés latéraux du chassis portent à leur partie centrale des coussinets en fonte destinés à supporter un axe tournant.

La seconde partie de la bétonnière est ce qu'on appelle le *cylindre manipulateur*.

Ce cylindre est en tôle renforcée. Il est traversé par un axe en fer auquel il est fixé, afin qu'il puisse obéir au mouvement de rotation que cet axe lui imprimera. Cet axe repose lui-même sur les coussinets du chassis terminant le char. La longueur du cylindre est de 1^m 32 et son diamètre extérieur de 0^m 95. On voit, en comparant ces dimensions avec celles du chassis du char, que le cylindre manipulateur peut se mouvoir librement autour de son axe. On doit observer de plus, et ceci a certainement son importance, que la hauteur du char et la partie du cylindre qui se meut au-dessus de l'appui forment juste la différence de niveau existant entre le plancher des manéges et celui des bétonnières. La partie extérieure du cylindre présente une ouverture dont la largeur est égale au quart environ de la circonférence et qui s'étend sur toute la longueur du cylindre. Cette ouverture d'une très grande dimension, comme on le voit, est destinée à donner passage aux matériaux qui doivent former le béton, et principalement à rendre facile la sortie de celui-ci après sa fabrication. Elle est fermée au moyen d'une porte fixée par des charnières autour desquelles elle se meut, et par deux clavettes d'une manœuvre facile.

A l'intérieur, le cylindre porte 12 croisières, ou rayons, adaptées au grand axe et rivées sur la paroi extérieure de la tôle. Ces croisières, qui tiennent lieu de rabot, ont pour effet de diviser les matières contenues dans le cylindre et d'obtenir par là le mélange le plus complet possible du mortier avec les galets.

Quant à la mise en mouvement des bétonnières, voici comment elle est obtenue. Un arbre de couche est établi parallèlement à celui qui fait mouvoir les manéges et un peu en contre-bas de celui-ci. Sa position en plan correspond au-dessous du plancher des bétonnières, et au tiers environ de la largeur de ce plancher mesuré à partir des poteaux extérieurs qui soutiennent le plancher des manéges. Cet arbre de couche se prolonge sur toute la longueur du plancher. A son origine, vers le bâtiment de la grande machine à vapeur, il porte une autre roue semblable, fixée à l'arbre de couche des manéges. Cette dernière roue a 2 mètres de diamètre, et comme son axe est déjà un peu plus élevé que celui de la roue adaptée à l'arbre des bétonnières, il s'ensuit que la courroie présente une inclinaison suffisante pour favoriser la transmission du mouvement.

Ce même arbre de couche porte, en outre, autant de roues à bobines qu'il existe d'installations de bétonnières ; le plancher est percé en regard de ces roues, pour donner passage à des courroies qui viennent s'engager sur d'autres roues semblables, placées à l'arrière du chassis supportant les cylindres manipulateurs. Ces roues sont traversées et supportées par un arbre reposant sur des coussinets en fonte posés sur les côtés latéraux du chassis. L'autre côté de cet arbre porte un pignon destiné à mettre en mouvement une roue dentée fixée à l'axe qui supporte les cylindres manipulateurs ; le diamètre de cette roue dentée est égal à celui des cylindres.

On voit, en définitive, que cette transmission de mouvement ne présente aucune complication. Lorsqu'on veut, par exemple, arrêter le mouvement de rotation des cylindres, on n'a qu'à dépasser la courroie engagée sur la bobine supérieure, ce qui se fait avec d'autant plus de facilité, qu'on a eu soin de donner à ces dernières roues une forme qui se prête parfaitement à cette manœuvre. Les jantes de ces roues ont 0^m18 de largeur et présentent en section une surface lisse légèrement curviligne. D'ailleurs, le char sur lequel la bétonnière est placée se meut sur une voie ferrée, et il est dès-lors facile de faire détendre la courroie en ramenant le char en avant. Il faut ajouter, pour compléter cette description, que la position du char, et par conséquent de la bétonnière, est déterminée d'une manière rigoureuse au moyen d'un coin mobile fixé sur la voie ferrée, de sorte que lorsqu'on veut dégager la courroie, on chasse ce coin avec le pied pour faire avancer le char, et lorsque, au contraire, on veut tendre la courroie pour mettre la bétonnière en mouvement, on passe cette courroie sur la roue et on pousse le char jusqu'au point d'arrêt qui détermine la limite de la tension.

Sans entrer dans d'autres détails concernant les bétonnières, attendu que les dessins nombreux, se rapportant à cette partie de l'installation, contiennent assez de détails pour en faire apprécier le jeu, on ne saurait s'abstenir d'ajouter quelques mots au sujet d'une étoile placée sur le chassis qui porte le cylindre et dont les fonctions rendent de très grands services en réglant la fabrication du béton.

Cette étoile est retenue contre le chassis par un boulon dont le jeu est suffisant pour la laisser tourner librement autour de son axe. Elle est composée de 20 branches dont une est émoussée. La roue dentée qui fait tourner le cylindre manipulateur porte sur son axe une aiguille dont la longueur est combinée de manière à accrocher à chaque tour une des branches de l'étoile.

On a soin, en commençant l'opération, de présenter la première branche qui suit celle émoussée, de sorte que lorsque le cylindre a fait 20 tours, l'aiguille correspond au vide laissé pour la pointe absente et l'étoile cesse de tourner, ce qui indique alors que la complète fabrication du béton a eu lieu. Cette ingénieuse disposition a pour effet surtout de réduire presque à néant la responsabilité des manœuvres chargés de la fabrication du béton qui reçoit ainsi une manipulation suffisante et toujours uniforme.

Noria. Pl. XX, fig. 3. La noria a pour objet d'élever les eaux, contenues dans un puisard creusé au bord de la mer, jusqu'à la hauteur d'une buse établie à trois mètres environ au-dessus du sol du chantier. Cette buse repose d'une part sur l'échafaudage construit pour soutenir la roue de la noria, et, d'autre part, sur un double chevalet placé de chaque côté d'une voie ferrée communiquant avec toutes les voies de transport.

La noria est mise en mouvement par un arbre de couche spécial, lequel est mis en communication avec l'arbre des bétonnières au moyen d'un système de bobines absolument semblable au précédent. Ces deux arbres placés à une certaine distance l'un de l'autre soit en plan, soit en élévation, sont réunis par une courroie qui transmet le mouvement de l'un à l'autre. L'arbre de la noria est prolongé jusqu'au dessous de la roue où se développe la chaîne des godets. Pour faire tourner cet teroue qui est soutenue sur l'échafaudage à l'aide d'un axe reposant sur des coussinets, on a fixé à l'extrémité de cet axe une roue à bobines dont la manœuvre communique avec l'arbre de couche, de sorte que lorsque celui-ci se meut, la roue de la noria tourne sur elle-même et agit sur la chaîne des godets qui exécutent alors leur mouvement régulier.

Tel est l'ensemble de cette partie de l'installation dont on se sert de la manière suivante :

Les wagons à gravier une fois remplis sont enlevés du pont des tartanes par la grue pivotante et déposés soit sur la voie directe qui aboutit au-dessous des manéges, soit sur une voie destinée à faciliter les approvisionnements. Dans un cas comme dans l'autre, le mode de transport est absolument le même. Au-dessus de la partie de la voie qui est commune aux deux systèmes, se trouve placée la buse alimentée par la noria, laquelle laisse tomber sur le wagon qui passe une assez grande quantité d'eau pour laver parfaitement la pierre cassée. Le wagon est alors poussé avec vigueur jusqu'au plateau du balancier à vapeur et il monte, ainsi posé, jusqu'à l'aire supérieure des manéges. Son ascension se fait de la même manière que celle du sable et de la chaux sur l'autre plateau du balancier.

Il est inutile de dire que cette manœuvre, habilement combinée, établit une coïncidence entre la montée du gravier et la descente des wagons vides du sable et de la chaux, utilisant ainsi de la manière la plus avantageuse chaque mouvement du balancier. Dès que le wagon chargé de gravier est arrivé sur le plancher des manéges, on le pousse sur la voie supérieure établie entre les auges et le plancher des bétonnières, et l'on en verse le contenu dans un des cylindres disponibles. Après cette opération qui n'est pas de longue durée, le wagon est poussé en avant jusque sur le plateau de la romaine dont il a été parlé, et au moyen du treuil à bras, il est descendu sur la voie de retour, laquelle conduit soit à proximité de la grue pivotante, soit au lieu d'approvisionnement.

Le mortier suit à peu près le même mouvement que la pierre cassée, avec cette différence qu'il parcourt un trajet beaucoup plus restreint. On sait que le mortier se verse dans les wagons au moyen de trappes pratiquées au fond des auges, et que ces wagons sont placés sur des voies communiquant avec celle qui sert au transport de la pierre cassée. Ces communications sont établies au moyen de plaques tournantes à galets et par une manœuvre très-facile. Les wagons ayant été amenés sur le plateau du balancier et élevés promptement sur le plancher supérieur, comme pour le gravier, on verse le mortier dans les cylindres manipulateurs et l'on pousse ensuite les wagons vides sur le plateau de la romaine, d'où ils descendent sur la voie de transport pour reprendre aussitôt après leur place sous les auges des manéges.

Dès que les cylindres ont reçu la pierre cassée et le mortier, la courroie qui communique avec l'arbre de couche inférieur est engagée sur la roue à bobines et le mouvement de rotation commence. Vingt tours, exigeant cinq minutes de temps, suffisent pour effectuer un mélange parfait, et lorsque *l'étoile compteur* a cessé de tourner, on enlève le petit coin placé sous l'une des roues du char pour tenir celui-ci à la distance déterminée : le char fait alors sans effort un mouvement en avant, ce qui permet de faire glisser la courroie sur la bobine. La bétonnière cessant d'être assujétie, est poussée sur le chemin de fer transversal dont il a été parlé, et vient prendre place sur un chariot qui est disposé sur la voie intermédiaire destinée à transporter les bétonnières jusqu'en tête de la rangée où le bloc se fabrique.

Dans le chapitre suivant, il sera de nouveau question de cette dernière voie qui joue un rôle assez important dans cette partie de l'installation ; il suffit à présent de dire, qu'aussitôt qu'une bétonnière arrive sur cette voie, une autre bétonnière vide portée également par un wagon plat ou chariot est poussée contre les manéges pour prendre la place laissée vacante et ainsi de suite.

Afin de faciliter cette marche et d'éviter les pertes de temps, on a organisé cinq systèmes de bétonnières, et par conséquent, cinq voies transversales.

Avant de terminer ce chapitre il ne sera pas inutile de présenter deux observations relatives l'une à la marche des wagons à mortier et l'autre à l'établissement de la romaine, afin de répondre à quelques objections que la lecture de ce qui précède peut avoir suggérées. On s'est demandé, peut-être, pourquoi le mortier fabriqué sur le plancher des manéges était descendu sur le plancher inférieur pour être ensuite remonté au point d'où il était parti. Il est certain, qu'à première vue, ce mouvement du mortier a toutes les apparences d'une fausse manœuvre : cependant, en examinant la chose de près, on comprend pourquoi les entrepreneurs ont adopté ce mode de transport comme étant le plus économique au double point de vue du temps et de la dépense. En effet, qu'on se figure le travail qu'il y aurait à accomplir pour ramasser avec des pelles ou tout autre instrument le mortier fabriqué dans les auges! En admettant ce dernier moyen, il eût fallu établir un mode de transport en travers du plancher des manéges pour faire arriver le mortier dans les bétonnières ; ces voies de transport transversales sur une aire où il existe déjà deux voies longitudinales et trois grands manéges auraient occasionné un embarras tellement grand, que, le cas échéant, on eût sans doute préféré effectuer le transport du mortier à bras d'hommes. En définitive, il s'agissait de savoir si l'enlèvement, la charge et le transport du mortier, le tout fait à bras d'hommes, pouvaient offrir des résultats plus profitables que la descente du mortier par le moyen décrit plus haut. L'expérience n'a pas laissé le moindre doute à cet égard ; ici l'auge est vidée presque d'un trait, c'est-à-dire que dès l'ouverture de la trappe, le mortier coule dans le wagon placé sur le plancher inférieur. Pour faire retourner le mortier sur le plancher supérieur, il en coûte très peu ; le mouvement du balancier est tellement rapide, que dans moins d'une minute, le wagon rempli arrive à sa destination. Evidemment, il eut fallu beaucoup plus de temps et surtout beaucoup plus de bras pour faire accomplir le même trajet au mortier en le maintenant sur le plancher des manéges.

On a pu se demander aussi pourquoi l'établissement de la romaine était fait en vue seulement de la descente des wagons vides jusqu'au niveau des voies de transport, alors que pour la chaux et pour le sable, le même plateau du balancier servait au double usage de la montée des wagons pleins et de la descente des wagons vides.

La raison de l'addition de la romaine pour descendre les wagons vides est tout entière dans l'activité relative qu'il y a lieu d'imprimer au transport des pierres cassées. C'est dans ce seul but, d'ailleurs, qu'a été établie la voie de retour déjà indiquée. Il est évident que si tous les wagons vides affectés au transport soit du mortier, soit du gravier, devaient descendre au moyen du balancier, la voie qui aboutit sur le plateau de cet instrument serait souvent encombrée; de sorte qu'il y aurait impossibilité matérielle de servir les bétonnières d'une manière convenable. On pourra, du reste, juger de l'importance qu'on a dû attacher à l'arrivée du gravier au-dessus des manéges par la consommation qu'exige la confection du béton par rapport à celle du mortier.

D'après les conditions de l'entreprise, le béton doit se composer de deux parties de mortier et de trois parties de gravier. Or, pour obtenir un mètre cube de béton dans les conditions voulues, il faut que le dosage soit effectué de la manière suivante :

Gravier	0m 50
Mortier	0m 94
Total	1m 44

c'est-à-dire que l'amalgame du mortier avec la pierre cassée, quand il est bien fait, produit un foisonnement qui n'excède pas de $^{1}/_{10}$ le volume du gravier. De nombreuses expériences ont démontré l'exactitude rigoureuse de ces calculs, et on ne saurait trop fortement engager les constructeurs à ne pas s'écarter de cette règle.

Voici quelles sont les conditions à remplir pour alimenter régulièrement les bétonnières : Les cylindres manipulateurs présentent un vide intérieur égal à 0m 90 de mètre cube ; mais pour faciliter la manipulation, on n'introduit dans les cylindres que les quantités nécessaires pour faire un demi mètre cube de béton ; c'est-à-dire qu'en suivant la proportion indiquée ci-dessus, chaque bétonnière doit recevoir 0m 28 de mortier et 0m 44 de gravier, ce qui fait en totalité 0m 72 de mélange. Le lecteur a dû remarquer que les wagons à mortier sont divisés en trois compartiments égaux ; le volume que chaque wagon peut contenir étant de 0m 84 de mètre cube, volume égal à la broyée d'un manége, il en résulte également que chaque compartiment contient exactement les 0m 28 nécessaires pour le service d'une bétonnière, et qu'avec un wagon plein de mortier, on alimente trois cylindres.

Quant aux wagons à gravier, ils cubent exactement 0m 44; de sorte que le dosage se fait au moyen d'un wagon pour chaque cylindre. On conçoit, dès-lors, qu'il a fallu organiser les mouvements des wagons du mortier et du gravier dans le rapport de 1 à 3 et tenir compte de cette circonstance importante, à savoir : que le mortier est en quelque sorte sur place, tandis qu'il faut aller chercher le gravier fort loin et consacrer un certain temps à son lavage.

D'ailleurs, cette combinaison était en quelque sorte ordonnée par la durée comparative des deux opérations relatives à la fabrication du mortier et du béton. Ainsi qu'on l'a dit précédemment, le temps nécessaire pour la broyée du mortier dans les manéges, est de 15 minutes environ, tandis que la durée de la manipulation du béton dans les cylindres est seulement de 5 minutes; mais comme un seul wagon suffit pour trois cylindres et que les manéges sont au nombre de trois, on voit que le rapport de la consommation est parfaitement établi; c'est-à-dire que si dans 15 minutes les manéges fabriquent trois wagons de mortier, dans le même temps on renouvelle trois fois les bétonnières qui sont au nombre de trois.

Ceci expliqué, on peut se rendre compte du motif qui a déterminé les entrepreneurs à faire ainsi leur installation. Il s'agissait, comme on le voit, de dégager le plus possible la voie consacrée au transport du gravier, afin de faciliter l'arrivée de ces derniers sur le plateau du balancier, et, par suite, dans les cylindres manipulateurs, où la consommation comparée aux moyens de transport par les wagons est trois fois plus considérable que celle du mortier.

CHAPITRE XIII.

Confection des Blocs artificiels.

La partie de l'installation relative à la confection des blocs en béton fait suite aux deux précédents chapitres dont elle n'est, à proprement parler, que le complément.

Ainsi qu'il a été indiqué dans le chapitre IX, le chantier où se fabriquent les blocs est formé d'abord d'un terre-plein, recouvert d'une couche de sable et rasé au niveau du plancher général sur lequel sont établies les aires des manéges et des bétonnières. Ce terre-plein, d'une forme parfaitement rectangulaire, présente une superficie de 160 mètres carrés. Le Pl. XIX.
petit côté de ce chantier, qui a 100 mètres de longueur, est disposé parallèlement à la direction de l'aire des bétonnières de laquelle il n'est séparé que par une chaussée en maçonnerie ayant $2^{m}25$ de largeur et portant la voie ferrée intermédiaire destinée, comme on le sait déjà, à faciliter la marche des cylindres manipulateurs.

Cette chaussée, qui régne sur toute la longueur du chantier des blocs, a Pl. XXVII. Fig. 2.
2 mètres de hauteur mesurée au-dessus du plancher de fondation, et cette hauteur a été combinée avec celle des chariots à bétonnière, qui, seuls, parcourent la chaussée, de façon que le plateau supérieur du chariot corresponde exactement avec le plan de l'aire des bétonnières.

Ces chariots portent des voies de fer dans le sens transversal, faisant suite à celles de l'aire des bétonnières, de sorte que lorsque celles-ci sont poussées en dehors de cette voie, elles viennent se placer naturellement sur les wagons.

Pl. XIX. La fabrication des blocs est ordonnée suivant un plan parfaitement régulier, c'est-à-dire que les blocs sont rangés avec ordre et disposés en ligne droite et normalement à la chaussée contre laquelle le chantier est appuyé ; on doit ajouter qu'à chaque rangée de blocs correspond une voie de fer mobile destinée au transport du béton dans les caisses-moules dont il sera parlé ci-après. Ces voies mobiles sont posées à la hauteur de celles qui existent sur l'aire des bétonnières, et lorsque les chariots à bétonnières sont placés entre l'aire où se fabrique le béton et les rangées des blocs, tout le système se trouve établi sur un seul plan, c'est-à-dire que les bétonnières passent sans effort de la surface de l'aire sur les voies des blocs et réciproquement.

Telles sont les dispositions générales qui ont été prises pour cette partie de l'installation : Voici maintenant les détails :

Les caisses-moules qui forment la partie essentielle de la fabrication des blocs sont formées par l'assemblage de quatre panneaux renfermant un parallélipipède rectangle, ayant à sa base 3^{m} 33 de longueur, 2^{m} 00 de largeur et 1^{m} 50 de hauteur. Les panneaux latéraux se composent d'un cadre en charpente, formé d'une sablière, d'un fort madrier et de deux montants; des palplanches jointives placées horizontalement établissent la cloison, et ces palplanches sont fixées et retenues sur des poteaux verticaux assemblés sur les deux bases du cadre. Les panneaux des têtes sont formés d'un cadre semblable à celui des panneaux latéraux ; seulement les palplanches jointives qui font la cloison sont placées verticalement et retenues sur le cadre par une traverse placée horizontalement.

Le montage et le démontage des caisses est une opération qui ne présente aucune difficulté et qui peut s'accomplir avec célérité. D'abord, il faut dire que l'assemblage des panneaux se fait par simple rapprochement ; les panneaux latéraux placés à la distance voulue sont maintenus par les panneaux des têtes, lesquels sont eux-mêmes arrêtés par quatre tringles portant à leurs extrémités un pas-de-vis et un écrou à manivelle. Ces tringles, placées à 0^{m} 30 au-dessus du fond et à la même distance au-dessous de la partie supérieure de la caisse, traversent les montants des cadres et suffisent pour tout assujétir par la simple pression des écrous.

On comprend, dès-lors, combien le démontage est facile à opérer. Il suffit de dévisser les écrous d'un côté et de retirer les tringles : aussitôt les panneaux deviennent indépendants et peuvent être transportés sur un point quelconque. Il faut observer toutefois que pour faciliter la manœuvre du démontage des caisses, il est indispensable de prendre quelques mesures d'ordre pour la fabrication des blocs et qu'on doit toujours ménager en avant un libre espace afin de pouvoir retirer les tringles, lorsque le moment est venu de démonter les caisses.

Il a été dit tantôt qu'à chaque rangée de blocs correspondait une voie ferrée mobile pour le transport du béton. Ces voies sont établies sur des traverses reposant sur la partie supérieure des côtés latéraux des caisses-moules et comme le béton vient araser le bord même des caisses lorsqu'on les démonte, les traverses du chemin de fer reposent alors directement sur le béton.

On devine de suite tout le parti qu'on tire de cette disposition ; d'une part, on fait arriver les cylindres porteurs du béton jusqu'au dessus de la caisse qu'on veut remplir, et, d'autre part, au moyen d'additions successives de rails, on obtient une voie qui permet de parcourir toute une rangée de blocs. Pl. XXVII, Fig. 2.

L'aire en sable sur laquelle sont placées les caisses-moules est établie suivant une pente longitudinale de quelques millimètres par mètre et, par suite, les voies posées sur les caisses ont la même inclinaison. On a dû prendre cette mesure pour faciliter le roulement des bétonnières lorsqu'elles sont chargées : cette inclinaison, d'ailleurs, ne présente aucun obstacle pour les ramener à leur place, une fois vides.

Par l'indication des détails qui viennent d'être donnés, et par l'examen des planches qui s'y rapportent, on peut se rendre compte des moyens mis en œuvre pour la confection des blocs. Il n'y a donc qu'à compléter d'une manière sommaire la description commencée dans les chapitres précédents, en ce qui concerne la manœuvre proprement dite.

Les bétonnières, une fois posées sur les chariots de la voie inférieure, sont poussées par des hommes jusqu'en face de la rangée des blocs en cours de fabrication et passent de là sur la voie ferrée établie sur les caisses-moules, afin de prendre position au-dessus de ceux de ces moules qu'il s'agit de remplir. Pl. XIX et XXVII.

L'opération du transvasement se fait en ouvrant la porte du cylindre et en faisant tourner celui-ci à l'aide d'une manivelle adaptée à l'une des extrémités de l'axe qui le traverse. On accélère encore la chûte du béton en donnant quelques coups de maillet sur les parois extérieures du cylindre. Dans tous les cas, cette opération n'exige que très-peu de temps. Aussitôt que le béton est versé dans le moule, trois hommes postés *ad hoc* le répan- Pl. XXVII. Fig. 2.

dent uniformément sur toute la largeur de la caisse et le battent fortement avec une dame. Préalablement au battage du béton, on a soin de placer au fond et en travers de la caisse, deux petits moules renversés de forme cubique ayant 0m 18 de côté. Ces moules déterminent des rainures dans lesquelles passent les chaînes de suspension lorsqu'on veut transporter le bloc. En même temps qu'on affermit le béton dans la caisse, la bétonnière est poussée sur le wagon plat et ramenée sur l'aire où se fait la manipulation. L'homme chargé du transport et du versement du béton, après avoir mis la bétonnière vide sur l'une des voies correspondant à un système vacant, trouve en place une bétonnière chargée qu'il pousse de nouveau sur l'une des caisses préparées, et recommence la même opération.

L'organisation de cette partie du chantier est combinée de manière à éviter toute perte de temps pour les hommes qui y sont employés. Ainsi, on s'est parfaitement rendu compte du temps nécessaire pour régaler et pour battre le béton versé dans les caisses ; ce temps correspond, en moyenne, à celui qui est employé pour retourner une bétonnière vide et pour en amener une chargée.

Il importe aussi de se rappeler que l'organisation générale est faite en vue d'utiliser l'action continue du travail des trois manéges à mortier, ce qui correspond, ainsi qu'on l'a vu dans le chapitre précédent, au travail consécutif d'un même nombre de bétonnières se renouvelant trois fois. Pour régler les transports dans le même rapport, on a dû entreprendre trois lignes de blocs à la fois et installer sur la voie inférieure un nombre de chariots égal à celui des bétonnières, c'est-à-dire six. De la sorte, il n'y a pas un instant perdu : trois bétonnières sont constamment en travail et trois autres sont en course pour apporter le béton dans les caisses-moules. Cette manœuvre n'exige d'autre préoccupation que celle de distribuer avec discernement les lignes de fabrication des blocs ; c'est-à-dire qu'on a soin autant que possible d'éloigner les trois lignes, afin d'éviter la rencontre des chariots sur la voie inférieure. Il est vrai que cette rencontre ne ferait pas perdre beaucoup de temps, parce que le trajet est très court et qu'on peut toujours se garer sur la longueur de la chaussée pour laisser passer un chariot amenant ou retournant une bétonnière; mais comme la marche des chariots est la manœuvre principale pour le transport du béton, il y a lieu de combiner les choses de manière à ce que cette partie de l'installation soit toujours bien ordonnée.

Il résulte des relevés faits avec le plus grand soin que la puissance du chantier des blocs, tel qu'on vient de le décrire, peut être évaluée de la manière suivante :

D'abord il faut observer que le tassement du béton dans les caisses-moules, (lorsque les galets ont été soigneusement dépouillés des matières terreuses), est de 5 pour $^0/_0$. Et ce n'est point ici une appréciation faite à la suite de quelques expériences seulement ; c'est un fait qui se renouvelle sans cesse et que l'on a dû prendre pour règle : chaque bétonnière porte un demi mètre cube ; c'est donc invariablement 21 bétonnières qu'il faut porter pour remplir un moule dont la contenance est exactement de 10 mètres cubes.

On va voir que l'organisation du chantier a été faite en vue d'harmoniser les diverses opérations qui se rapportent à la confection des blocs.

Il est évident que la base de tout le travail consiste dans la confection du mortier, et que l'activité du chantier doit reposer rigoureusement sur ce premier point de départ. Or d'après ce qui a été dit, la durée de la manipulation dans les manéges est de 15 minutes et chaque manége fabrique 0^m 84 de mètre cube. Ces manéges étant au nombre de trois, le volume fabriqué dans 15 minutes est donc de 2^m 52.

Il a été aussi expliqué d'autre part que dans un mètre cube de béton, il entrait 0^m 56 de mortier ; et comme la confection d'un bloc, y compris le tassement, exige 10^m 50 de béton, on en déduit que, pour faire un bloc, il faut disposer de 5^m 88 de mortier.

En appliquant à ce volume la proportion indiquée ci-dessus pour la fabrication de 2^m 52, il en résulte que le temps nécessaire pour obtenir 5^m 88 de mortier occupe 35 minutes. Il est bien entendu que ce temps ne s'applique uniquement qu'à l'opération du broyage dans les manéges. Pour arriver à la connaissance de la durée réelle de l'opération, il faut tenir compte des diverses manœuvres ayant servi au déchargement des wagons de sable et de chaux, au remplissage des auges, et enfin à l'écoulement du mortier fabriqué dans les wagons placés au-dessous des manéges. Ces diverses manœuvres se font très rapidement et exigent, en général, vingt minutes de temps au plus ; quoique les calculs aient été établis sur 25 minutes, on arrive facilement, sans forcer les hommes, à fabriquer dans une heure un volume de mortier de 5^m 88, lequel volume correspond exactement à celui qui est exigé pour garnir 21 bétonnières contenant chacune 0^m 28 de mètre cube, soit au total, la confection complète d'un bloc.

La fabrication du mortier présente la même activité. On a vu déjà que, par suite des dispositions particulières de cette partie du chantier, trois bétonnières étaient constamment en mouvement; que la durée de la manipulation était de 5 minutes et que chaque bétonnière contenait un demi mètre cube de béton. Pour atteindre le nombre 21, déterminé pour la confection d'un bloc, il faut renouveler 7 fois les bétonnières, ce qui correspond à 35 minutes. Le complément de l'heure, soit 25 minutes, est employé à la décharge du mortier et du gravier dans les cylindres et à la mise en place des bétonnières. Pour se convaincre que cet intervalle de 25 minutes est largement suffisant pour effectuer ces diverses opérations, il faut se représenter la facilité avec laquelle se fait l'approche des chariots contre les bétonnières et le transvasement du gravier et du mortier dans les cylindres manipulateurs. Dans la pratique, tout marche avec une telle rapidité, que les hommes employés à ce travail n'éprouvent pas la moindre fatigue.

Le service des manéges à mortier est un peu plus rude; mais comme la durée de la manipulation est trois fois plus grande que celle des bétonnières, les manœuvres gagnent des moments de repos entre chaque broyée. Pour le béton, le mouvement est, pour ainsi dire, continu; mais par compensation, il n'y a rien de forcé; les wagons roulent sur des voies ferrées et se déchargent presque d'eux-mêmes.

Quant au temps employé pour le transport du béton sur les caisses-moules, on conçoit qu'il varie suivant la place qu'occupent les caisses qu'il s'agit de remplir, par rapport à la position des manéges. Toutefois il ne faudrait pas croire que cette différence soit très considérable, parce qu'il s'agit, après tout, de parcourir une ligne de 160 mètres au maximum et que sur une voie ferrée établie en pente, ce parcours s'effectue très rapidement. Il a été constaté que dans le cas le plus défavorable, le voyage complet d'un wagon exigeait de 8 à 9 minutes de temps; et comme chaque wagon doit accomplir 7 voyages pour transporter 21 bétonnières, dans une heure, au maximum, on satisfait parfaitement à l'activité des chantiers du mortier et du béton.

Il résulte donc de toutes ces indications que l'installation du chantier des blocs artificiels, telle qu'on l'a décrite ci-dessus, produit un bloc par chaque heure de travail. Pourtant il est vrai de dire que cette évaluation est faite avec des éléments généralement peu favorables et qu'on pourrait, à la rigueur, obtenir avec la même installation un dixième en sus, et cela, sans forcer les hommes. Cette appréciation a été souvent confirmée par la pratique : les entrepreneurs ont assuré avoir obtenu quelquefois douze, mais le plus souvent onze blocs dans une journée de dix heures de travail.

C'est là un résultat avantageux comparé à celui qu'on obtiendrait par les moyens ordinaires. Lors de la construction du bassin de la Joliette, les entrepreneurs fabriquaient le béton sur des aires et au moyen de rabots; l'activité du chantier ne dépassait pas quatre blocs pour une journée de 12 heures, ce qui représentait 0m 33 de bloc par heure de travail.

Dans les travaux de la jetée du large du bassin Napoléon, les entrepreneurs auraient voulu simplifier la manœuvre et par conséquent augmenter encore l'activité du chantier ; ils voulaient supprimer les manéges à mortier et fabriquer le béton tout d'un trait, en mettant dans les bétonnières, et tout à la fois, les divers éléments qui entrent dans sa composition. MM. les ingénieurs se sont opposés à cette innovation, craignant que le mélange des matières ne puisse s'effectuer d'une manière assez intime. Quelques expériences faites, il est vrai, en dehors du concours des agents de l'administration, ont démontré que le béton fabriqué par ce dernier procédé ne différait pas en apparence de celui qui est obtenu par le mélange des galets avec le mortier. Tout en respectant les appréhensions des ingénieurs, qui ont la responsabilité des travaux, on croit utile de constater ici que l'application des bétonnières mises en usage par MM. Dussaud frères, peut parfaitement économiser la manœuvre relative à la fabrication du mortier. Il s'agit de bien déterminer le dosage des cylindres; mais lorsque l'eau, le sable, la chaux et les graviers sont réunis et que le tout est remué vigoureusement, il est impossible que le mélange et l'incorporation ne se fassent pas d'une manière complète. Il semble, dans tous les cas, que ce mode de fabrication ne doit pas détruire les affinités des corps mis en contact et que, dès-lors, on doit obtenir par leur amalgame une composition identique à celle qu'on obtient en divisant l'opération.

Il est raisonnable cependant que l'on tienne à faire le mortier isolément et que l'on exige surtout d'une manière générale un mode particulier pour opérer le mélange de la chaux avec le sable; mais on doit dire aussi qu'il y a lieu de distinguer, et qu'on peut, dans certains cas, s'écarter sans danger de cette règle.

L'usage de la chaux en pierre dans la fabrication du mortier donne lieu à une grande circonspection à l'endroit des incuits, et pour ne pas éprouver de mécomptes, on doit, en pareil cas, opérer le mélange par voie de broyage; mais lorsqu'on emploie de la chaux blutée, on n'a pas à tenir compte de cet incident et le broyage alors n'est plus indispensable. En employant un moyen qui opère le mélange le plus intime, on peut surmonter sans efforts les difficultés prévues, c'est-à-dire qu'on lie trois éléments différents en un tout homogène, et cela de la manière la plus simple et la plus sûre.

Les bétonnières employées à Marseille présentent, sous ce rapport, toute espèce de garantie.

Cette opération, qui comporte diverses manières de voir, est fort importante, et il serait à désirer que des expériences suivies fussent ordonnées afin de fixer l'opinion sur ce point : si ces expériences conduisaient à faire admettre le procédé proposé par MM. Dussaud frères, on obtiendrait un avantage considérable, sous le double rapport de la dépense et du temps.

CHAPITRE XIV.

Transport et embarquement des Blocs artificiels.

Jusqu'à présent l'installation du chantier des blocs artificiels n'a présenté qu'une série de manœuvres coordonnées avec habileté pour atteindre un but déterminé en faisant le moins de dépense possible soit de temps, soit d'argent.

On a pu remarquer que chacune des manœuvres concourant à la fabrication du mortier, du béton et des blocs, prise isolément, était d'une exécution facile et n'exigeait le secours d'aucun auxiliaire puissant, en dehors de la grande machine à vapeur.

La partie de l'installation dont on va entretenir le lecteur présente un caractère différent. Il ne s'agit plus ici de faire rouler de petits wagons chargés de cailloux, de sable ou de mortier, mais de soulever et de transporter des blocs présentant un volume de 10 mètres cubes et pesant environ 25,000 kilogrammes. Ce qui augmente encore la difficulté, c'est la nécessité où l'on se trouve d'agir avec promptitude, afin de mettre en harmonie l'enlèvement des blocs avec l'activité de la fabrication. On comprend que sans cette rapidité d'action, il y aurait sur le chantier, et dans un moment donné, un encombrement de blocs susceptible de faire obstacle à la marche consécutive du chantier.

On avait d'abord songé, pour cette partie du travail, à mettre en usage les moyens employés au port d'Alger et plus récemment encore à Marseille, lors de la construction du bassin de la Joliette ; mais après avoir reconnu l'insuffisance de ces moyens, on a dû, comme dans le plus grand nombre des cas, avoir recours à la vapeur.

Avant de décrire l'installation qui a été définitivement adoptée, il paraît convenable de rappeler aux lecteurs ce qui se faisait autrefois ; de cette façon ils seront à même d'apprécier, avec connaissance de cause, la différence des moyens.

Lorsque le bloc avait acquis une solidité suffisante pour pouvoir être soulevé et transporté, on construisait au-dessus une sorte d'échafaudage sur lequel on fixait quatre verins munis chacun d'une manivelle à bras qui pouvait être manœuvrée par deux hommes. Ces verins, disposés parallèlement et suivant les rainures ménagées dans le bloc, portaient au bout de leur tige un croc où s'attachaient les extrémités de deux chaînes passant en dessous et dans les rainures du bloc. Lorsque celui-ci était bien assujéti aux tiges des écrous, on faisait tourner les verins jusqu'à ce que le bloc eût atteint une hauteur de 0^m 50 au dessus du sol, et l'on glissait sous le bloc une sorte de chariot plat destiné à le supporter.

Après avoir dépassé les chaînes de suspension, on enlevait l'appareil des verins, et le chariot placé sur une voie ferrée était traîné par des chevaux jusqu'au point d'embarquement.

Ces diverses manœuvres, qui ont l'apparence d'une grande simplicité, exigeaient cependant beaucoup de soins ; pour chaque bloc, il fallait monter et démonter un échafaudage qui était assez compliqué, puisqu'il devait résister à l'action puissante de quatre verins portant ensemble un poids de 25,000 kilogrammes, plus, les huit hommes employés à la manœuvre. Quant à la manœuvre elle-même, elle n'était pas sans difficulté ; il fallait nécessairement faire marcher les écrous parallèlement ; pour peu que l'un d'eux fût poussé un peu plus vigoureusement que les autres, le bloc s'élevait de travers, ce qui augmentait la force de résistance et obligeait de recourir à des manœuvres spéciales pour le ramener à sa position normale.

Les moyens d'embarquement étaient en rapport avec ceux de l'enlèvement et du transport. Ils consistaient dans l'établissement d'une cale inclinée, à l'extrémité de laquelle on plaçait un flotteur ou radeau. Ce flotteur était formé de deux grands tonneaux reliés entr'eux par de fortes traverses et par un plancher. Le wagon lancé sur le plan incliné de la cale était retenu à l'arrière par une chaîne, de sorte qu'en modérant et en dirigeant sa course, on faisait arriver le bloc jusque sur le plancher du radeau.

Enfin, pour faire apprécier d'une manière complète les résultats que pouvait donner une installation semblable, on doit dire au lecteur qu'au bassin de la Joliette de Marseille, où certes l'organisation était importante, on ne pouvait enlever plus de six blocs dans une bonne journée de travail. En rapprochant ce résultat de ceux donnés par le chantier de la fabrication on comprend qu'il fallait renoncer à l'ancien système d'embarquement. La fabrication donne d'une manière consécutive 10 à 12 blocs par jour et pourrait même fournir davantage; comme l'enlèvement est subordonné au travail de l'embarquement et que celui-ci n'est possible que durant les temps calmes, on était dans l'obligation d'employer des moyens plus énergiques pour conserver une activité proportionnelle entre les diverses parties de l'installation.

L'organisation nouvelle du chantier d'enlèvement, de transport et d'embarquement des blocs artificiels, a été faite en vue de substituer, autant que possible, le travail des machines à celui de l'homme; c'est au moyen d'une machine à vapeur qu'on détache le bloc du sol où il a été fabriqué et qu'on le transporte en dehors du chantier; c'est par le même procédé que le bloc est rapproché de la mer et chargé sur des chalands. Il semble donc préférable, avant de décrire toutes les manœuvres de ce chantier, de compléter les indications retracées sur les planches, en ce qui concerne les principaux instruments employés dans cette partie importante de l'installation.

On a désigné ici sous le nom de *Grue roulante* la machine appliquée au soulèvement et au transport des blocs. Pl. XXXV, XXXVI et XXXVII.

L'appareil est formé à sa base par un cadre en tôle forte, de forme rectangulaire, ayant environ 6 mètres de longueur sur 2m 80 de largeur. A ce cadre est adapté un système de roues en fonte propres à passer sur un chemin de fer; ces roues, au nombre de quatre, ne sont pas attachées au cadre de la même manière. Les deux formant le train-arrière sont liées simplement à ce cadre au moyen de ganses articulées, dans lesquelles se meuvent les moyeux des roues. Le train de devant est formé d'un essieu en fonte portant une roue dentée et disposée de manière à donner une impulsion en avant et en arrière.

Le cadre est divisé en deux parties parfaitement distinctes au moyen de fortes cloisons également en tôle; la partie *avant* est recouverte d'un plancher sur lequel sont placés la machine à vapeur et tous les détails de la grue; l'arrière, destiné à recevoir le bloc, est naturellement vide; seulement, on a élevé sur les côtés du cadre de fortes cloisons en tôle et en fer capables de résister à l'action des forces puissantes qui doivent être développées dans cette partie de l'appareil.

La machine à vapeur destinée à animer la grue est à haute pression, sans condensation et de la force de huit chevaux. Elle se compose d'une chaudière posée verticalement pour ne pas encombrer le plancher et de deux cylindres à secteur. Les bielles correspondant aux tiges des pistons, par leur disposition particulière, impriment aux manivelles un mouvement demi-circulaire et alternatif; ce qui permet d'obtenir un mouvement régulier et sans point d'arrêt. Il est bon d'ajouter aussi que chaque cylindre est muni d'un tiroir jumeau pour la distribution de la vapeur et que l'excentrique qui correspond à ces tiroirs est commandé par un levier coudé placé à proximité du mécanicien.

Par cette combinaison, on peut, sans le moindre embarras, diriger la vapeur à volonté et produire deux mouvements inverses, en impressionnant les pistons à son gré.

La grue proprement dite se compose d'un arbre vertical portant trois roues d'angle. Celle du milieu, reçoit l'impulsion combinée des deux cylindres et anime, seule et d'une manière continue, l'arbre moteur sur lequel elle est fixée. La roue supérieure met en mouvement un axe horizontal pour la manœuvre relative au soulèvement des blocs, et la roue inférieure est spécialement appliquée au mouvement de locomotion. L'axe horizontal repose sur les cloisons transversales de la partie arrière de l'appareil ; il porte deux vis sans fin qui s'engrènent chacune sur une forte tige verticale munie de filets carrés et formant l'écrou d'un vérin ; chacun de ces écrous supporte à son extrémité inférieure un robuste fléau formé par deux plaques en fonte qui sont reliées entr'elles par des entretoises. Les plaques de ce fléau sont, en outre, percées d'un trou pour le passage d'une clavette. Ainsi, lorsqu'on veut fixer le bloc au fléau, on fait passer le bout de la chaîne de suspension entre les deux plaques et l'on saisit l'un des chaînons avec la clavette.

La roue inférieure met en mouvement un pignon porteur d'un arbre vertical à l'extrémité inférieure duquel est placée une vis sans fin qui correspond à la roue dentée fixée sur l'essieu de l'avant-train.

Le mouvement de cet appareil est, maintenant, facile à saisir : lorsqu'on veut imprimer un mouvement de locomotion, l'arbre vertical étant animé, on débraye la roue supérieure et alors toute la puissance de la machine agit sur le petit arbre vertical auquel s'adapte la vis sans fin qui fait marcher la roue dentée de l'essieu. Le mécanicien n'a qu'à manœuvrer, dans le sens de l'opération, le levier qui sert à imprimer le mouvement en avant ou en arrière.

Lorsqu'on veut soulever un bloc et que l'appareil est disposé en conséquence, on débraye la roue inférieure ; la roue supérieure, recevant seule l'impulsion de l'arbre vertical, met en mouvement l'axe horizontal auquel obéissent les vérins porteurs des fléaux et par conséquent des blocs.

C'est encore au moyen du levier que le mécanicien peut imprimer à volonté le mouvement de bas en haut, suivant les exigences de l'opération.

En résumé, le mécanicien n'a que quatre mouvements à imprimer, dont deux avec chacune des roues d'angle placées aux extrémités de l'arbre vertical. Il a sous sa main une tringle pour effectuer, sans se déplacer, l'embrayage et le débrayage des roues, et un levier pour diriger la vapeur dans les tiroirs des cylindres.

Pour l'embarquement des blocs, on a employé une machine à vapeur fixe entièrement semblable à celle de la grue roulante, avec cette différence cependant que l'arbre moteur, au lieu d'être placé verticalement, est établi horizontalement et que les roues d'angle animent deux treuils : l'un de ceux-ci placé sur le plancher inférieur de l'embarcadère, est destiné à produire un mouvement de touage, pour la locomotion du wagon qui transporte les blocs ; l'autre, posé au-dessus du même embarcadère, a pour objet de soulever les blocs qui sont placés sur le wagon, de les transporter au point d'embarquement et enfin de les descendre sur le chaland. Pl. XXXVIII.

Le treuil, qu'on désignera sous le nom de *treuil d'en bas*, est animé directement par la première roue d'angle placée à l'extrémité de l'arbre de couche. Il ne présente d'autre particularité que la forme exceptionnelle du tambour sur lequel s'enroule et se déroule une chaîne sans fin : le profil de ce tambour présente trois évidements, ou soit trois larges filets ; les deux filets extrêmes ont pour fonction de saisir les deux bouts de la chaîne de touage; celui du milieu n'a d'autre objet que celui de mieux dessiner les deux autres.

On comprend de suite que lorsque l'arbre qui porte le tambour est en mouvement, chaque bout de la chaîne doit s'enrouler inversement dans chaque filet du tambour, c'est-à-dire que, au moment où l'un des bouts, obéissant au mouvement de rotation, s'enroule sur le tambour, l'autre bout doit nécessairement se dérouler. Or, la chaîne sans fin glissant dans une poulie fixée à l'extrémité opposée de la voie sur laquelle le touage doit s'opérer, il est évident que, si l'on place un corps sur un point quelconque de cette chaîne, et si on l'accroche à celle-ci à l'avant et à l'arrière, ce corps obéira à un double mouvement, suivant que tel ou tel autre bout de la chaîne s'enroulera ou se déroulera sur le tambour du treuil, ou qu'il sera sollicité par l'avant ou par l'arrière.

Cette partie de l'installation repose entièrement sur ce principe. Le corps dont il vient d'être parlé, est représenté ici par le wagon chargé ou vide. Lorsqu'on veut faire approcher le bloc de l'embarcadère, le mécanicien dirige la vapeur dans le tiroir de distribution pour imprimer à l'arbre de couche un mouvement de nature à faire enrouler le bout de la chaîne qui fait marcher le wagon en avant. En changeant la direction de la vapeur, le tambour tourne en sens inverse et le wagon tiré alors par le bout de la chaîne qui l'attache à l'arrière, retourne au point de départ.

Ce système de touage, parfait en principe, présentait quelques difficultés à cause de la longueur de la chaîne qui n'a pas moins de 150 mètres. On a obvié à cet inconvénient en soutenant la dite chaîne, de distance en distance, avec des poulies disposées sur des coussinets qui reposent sur le sol entre les rails de la voie de transport.

Tel est, en définitive, le seul mouvement que soit appelé à produire le treuil d'en-bas placé dans la direction même du chemin de fer et à son extrémité, sous l'embarcadère.

Le treuil d'en-haut est un peu plus compliqué, c'est-à-dire qu'il comporte un plus grand nombre d'opérations. D'abord il est animé au moyen d'un arbre vertical de transmission mis en mouvement lui-même par la troisième roue d'angle de l'arbre de couche de la machine, et ensuite il est établi sur un wagon mobile auquel on accroche le bloc. L'arbre vertical est disposé de manière à produire deux mouvements principaux, absolument semblables à ceux de la grue roulante, l'un de ces mouvements a pour objet de déterminer la rotation du tambour sur lequel s'enroule la chaîne de suspension du bloc ; le second mouvement a pour effet de déterminer la locomotion du wagon, soit en avant soit en arrière.

Le premier de ces mouvements est déterminé au moyen d'un axe horizontal établi au centre d'un pignon qui s'engrène avec une roue dentée dont la place est à proximité de l'arbre vertical. Cet axe porte un manchon dans lequel vient s'adapter, à l'aide d'une clavette, l'extrémité d'une manivelle qui met en jeu le tambour du treuil.

Le second mouvement est produit par le même pignon qui, au moyen d'un embrayage, fait tourner une roue dentée à laquelle obéit un tambour à touage, semblable à celui du treuil d'en-bas. Il serait superflu de répéter ici ce qui a déjà été dit au sujet de la chaîne sans fin fixée sur le tambour et sur les deux côtés du wagon; on ajoutera seulement que le mouvement en avant ou en arrière étant déterminé par celui qui est imprimé à l'arbre vertical de transmission, il est indispensable que les mécaniciens chargés de la machine d'en-bas et de la manœuvre du treuil supérieur soient en rapport constant, afin que l'arbre de transmission soit toujours impressionné dans le sens commandé par l'opération. A cet effet, on a installé sur la partie supérieure de l'embarcadère un système de clochettes, et par des sons conventionnels, les mécaniciens se préviennent mutuellement pour opérer avec régularité les diverses manœuvres des treuils.

Il est également nécessaire de dire, pour compléter cette description, que le treuil supérieur porte une roue de frein mue par un levier qui a pour objet de régler le déroulement de la chaîne de suspension autour du tambour. Cette roue de frein, qui force sur la partie vissée de la manivelle, est, elle-même, arrêtée au moyen d'une aiguille en fer fixée sur le bâtis du treuil et qui vient se placer, au besoin, dans l'une des dents de la roue. Cette disposition a été nécessaire pour arrêter, d'abord, le mouvement de rotation du tambour qui fait élever le bloc, et ensuite pour maintenir la suspension de celui-ci pendant le trajet du wagon jusqu'au point d'embarquement. On comprend, d'ailleurs, qu'une fois isolé le treuil ne peut plus agir que par sa propre impulsion, de sorte que, lorsqu'on veut faire descendre le bloc sur le chaland, on ne peut que laisser la chaîne se dérouler librement. On obtient ce dernier résultat en levant l'aiguille d'arrêt et en faisant agir le levier de frein de manière à régler le mouvement rapide qui tend à se produire par le seul poids du bloc.

Tels sont les principaux instruments qui forment, pour ainsi dire, la base de cette partie importante de l'installation.

Le lecteur va voir maintenant comment on a organisé les moyens d'exécution pour tirer le meilleur parti possible de ces divers appareils.

D'abord, on a eu soin de laisser entre chaque ligne un espace de 0^{m} 30 environ, sur lequel il existe une voie ferrée. Cette voie n'est pas permanente; elle suit le mouvement du chantier en ce qui concerne la fabrication et l'enlèvement des blocs. On a vu, par exemple, que pour faire arriver le béton dans les caisses-moules, on avait établi une voie ferrée au niveau de ces caisses, laquelle voie, après l'achèvement des blocs et l'enlèvement des cloisons, reposait sur les blocs mêmes. C'est cette même voie supérieure qui, successivement et au fur et à mesure de l'enlèvement des blocs, est descendue au niveau du sol pour faciliter le mouvement de locomotion de la grue roulante et qui est ensuite replacée sur les caisses pour assurer le transport du béton. Ainsi ces deux voies, par le fait, n'en font qu'une; seulement c'est une main-d'œuvre qu'il faut dépenser chaque fois qu'on enlève et qu'on fabrique un bloc. Cette main-d'œuvre n'est pas considérable, parce qu'il n'y a aucun transport à opérer; tout se trouve sur place. Le seul reproche qu'on puisse faire à ce système de voies mobiles, c'est qu'il exige un grand développement de rails; car il faut, pour aller sans encombre, que dans un moment donné, toutes les lignes des blocs soient couvertes de chemins de fer soit au-dessus, soit au-dessous des blocs. Or, la longueur de chaque rangée étant de 160 mètres (et il y a plus de 30 rangées), il y a toujours en permanence, sur cette partie du chantier, environ 5,000 mètres de longueur de rails. Mais après tout, l'avance du capital représenté par cette partie du matériel est facilement compensée par l'économie qu'on réalise sur la main-d'œuvre.

Le système des transports est complété par l'établissement de deux voies parallèles entr'elles et normales aux précédentes. La première de ces voies est établie au pied même de la ligne des blocs qu'elle parcourt dans toute sa longueur et s'étend jusqu'à l'extrémité d'un embarcadère construit en mer pour faciliter l'approche des chalands. La seconde voie ne règne que sur le développement du chantier des blocs.

Il est bon de remarquer que ces voies sont établies dans une tranchée revêtue en maçonnerie, ayant 0^{m} 80 environ de profondeur par rapport au niveau du plancher général de l'installation qui est, comme on sait, à la cote de 2 mètres au-dessus du niveau de la mer. Cette disposition a été commandée par les motifs suivants :

Il n'était pas possible d'utiliser la grue roulante pour transporter les blocs jusqu'à la mer. Il est évident que la manière dont le bloc se trouve accroché à cette machine n'eut pas permis de le faire arriver sous l'embarcadère et surtout de le prendre directement pour le déposer sur le chaland; il a donc fallu borner l'action de locomotion de la grue au trajet indiqué par les rangées des blocs et venir prendre ceux-ci à ce point par un autre moyen de transport pour les conduire sous l'embarcadère. Or, il faut se rappeler que le bloc suspendu aux fléaux de la grue roulante n'est élevé que de 0^{m} 25 au plus au-dessus du niveau du sol : cette hauteur était suffisante pour faire passer un wagon par-dessous, de sorte qu'on a dû tenir la voie de transport vers la mer beaucoup plus basse que le niveau général du chantier des blocs. On a même calculé la profondeur de la voie creuse de manière à ce que le wagon, appelé à venir prendre le bloc, rachetât, à quelque chose près, la différence de niveau existant entre la voie de fer inférieure et la paroi postérieure du bloc suspendu à la grue. On conçoit, dès lors, la nécessité où l'on s'est trouvé d'établir une sorte de pont-volant au-dessus de cette voie creuse et en regard de chaque rangée de blocs pour faciliter le passage de la grue qui porte, comme on le sait, son chargement sur l'arrière et qui ne peut, par conséquent, déposer le bloc sur le wagon que lorsque l'avant de la machine a dépassé le chemin creux. C'est uniquement pour faciliter cette manœuvre qu'on a établi la seconde voie parallèle à la première, laquelle a pour objet de transporter un cadre roulant sur quatre roues et portant une voie ferrée. Chaque fois que la grue est établie sur une rangée de blocs, le cadre est transporté en face de cette même rangée de façon que les rails qu'il porte font suite à ceux placés sur un pont-volant qui occupe la largeur de la voie creuse. Cadre en bois.

Ce pont-volant est formé tout simplement de deux fortes pièces de bois portant chacune un rail. Pont-volant.

Des rainures sont ménagées dans la maçonnerie de revêtement de la tranchée, en face de la voie des blocs. Lorsqu'on a besoin de faire franchir la voie creuse par la grue, on place les porte-rails dans ces rainures; et bien que la portée ne soit pas très grande, on soutient, à cause du poids de l'appareil, les porte-rails au moyen d'un ou de deux potelets, suivant le cas.

On voit par les dispositions qui viennent d'être indiquées qu'il n'est pas possible d'établir plus d'un wagon sur la voie inférieure de l'embarcadère et que ce wagon doit faire à lui seul tout le transport depuis la grue jusqu'à la mer, de même qu'une seule grue amène tous les blocs sur la voie creuse.

Ce wagon, qui est appelé à faire une très grande fatigue, est en fonte dans toutes ses parties et son plateau est surmonté d'une plaque tournante circulaire de même métal, reposant sur des galets coniques. Il est, en outre, armé à l'avant et à l'arrière d'un fort anneau en fer destiné à recevoir la chaîne sans fin qui communique avec le treuil et qui sert à effectuer le touage du wagon. Enfin, ainsi qu'on l'a déjà indiqué, la hauteur Wagon à plaque tournante.

totale de ce wagon, mesurée au-dessus de la plaque tournante, domine de 0^m 20 environ le niveau du sol sur lequel les blocs sont fabriqués. Cette combinaison était indispensable eu égard aux dimensions des blocs et à la largeur de la voie creuse; par la manière dont les choses ont été disposées, le bloc se meut au-dessus de la crête de la tranchée, c'est-à-dire qu'on peut le tourner dans tous les sens sans redouter le moindre obstacle en ce qui concerne les terrains latéraux.

Il reste à dire quelques mots sur l'embarcadère dont il a été déjà parlé et qui est spécialement affecté à l'embarquement des blocs.

Embarcadère.

Cet embarcadère comme construction, diffère fort peu de ceux qui ont été décrits dans la deuxième section de l'ouvrage. Ce sont toujours des rangées de pieux solidement fixés dans le fond et retenus entr'eux par un double système de moises et de croix de Saint-André. Néanmoins l'importance de cet ouvrage, comparé à la plupart de ceux dont il a été question jusqu'à présent, mérite une mention particulière.

Le système d'embarquement se compose de deux parties distinctes : la première partie s'avance directement en mer, et a pour objet de faire arriver les blocs jusqu'à l'aplomb d'un fond d'eau suffisant pour l'approche des chalands, et la deuxième partie, d'équerre à la première et sous laquelle viennent se placer les chalands, est uniquement affectée aux divers mouvements qu'on doit faire effectuer aux blocs pour les embarquer.

La première partie de l'embarcadère a une longueur de 30 mètres, à partir du rivage actuel et une largeur de 4 mètres, mesurée sur le milieu des pieux latéraux. Sa hauteur est de 7 mètres environ au-dessus du niveau de la mer. La partie inférieure est munie d'un fort plancher à la hauteur de la voie de transport qui est naturellement prolongée jusqu'à l'intersection de la deuxième partie de l'embarcadère. C'est au-delà de ce dernier point et sur le même plancher que se trouvent placés la machine à vapeur et les accessoires du treuil employé au touage des blocs sur la voie creuse.

Cette partie de l'embarcadère a une longueur de 6 mètres environ, de sorte que le point où se fait réellement l'embarquement des blocs est situé à 24 mètres de distance du rivage.

La seconde partie de l'embarcadère, celle qui est d'équerre à la première, a une longueur de 10 mètres seulement : elle présente dans toute cette longueur une section entièrement libre et destinée à être occupée par les chalands. A cet effet, on a établi parallèlement à la première partie de l'embarcadère une forte charpente composée d'une rangée de pieux assez rapprochés et moisés des deux côtés. Cette charpente a servi de second point d'appui à des poutres armées qui reposent sur les pieux de l'embarcadère. La portée étant un peu grande, ces poutres sont retenues par des jambes de force appliquées contre la charpente.

Enfin cette espèce de pont jeté sur la charpente à une hauteur de 7 mètres porte une voie ferrée sur laquelle se meut le wagon chargé d'amener les blocs au-dessous même du chaland.

Il importe de faire connaître les motifs qui ont déterminé les auteurs de l'installation à donner à l'embarcadère la forme d'une potence, plutôt que de faire aborder les chalands, comme au Frioul, par exemple, à l'extrémité de la branche qui s'avance directement dans la mer.

Dans le principe, on avait suivi ce dernier procédé; mais bientôt on s'aperçut que les chalands, placés normalement à la ligne des pieux, étaient pris en travers par les lames du large, de sorte qu'à la plus légère agitation, au moindre mouvement de la mer, il se produisait un roulis de nature à nuire à l'embarquement des blocs. On avait eu même à regretter des accidents survenus à plusieurs hommes chargés de la manœuvre, lesquels s'étaient trouvés sérieusement exposés quand le roulis avait été un peu fort. On peut, du reste, se faire facilement une idée de l'embarras des hommes postés sur les chalands pour recevoir, placer et caler une masse pesant 25,000 kilogrammes, en considérant la difficulté qu'ils devaient éprouver à se maintenir en équilibre sur le pont du bateau.

La dernière disposition adoptée a modifié profondément cette situation. Le chaland en charge présente la proue à la lame, de sorte qu'alors même qu'il y ait un peu de mouvement, il ne se produit jamais qu'un simple tangage dont l'action est bien moins importune que le roulis pour ceux qui travaillent sur le pont.

Solidification des blocs.

En terminant le chapitre précédent, le lecteur a laissé les blocs enfermés dans les caisses-moules. Généralement, le béton qui les compose reste dans les caisses pendant trois ou quatre jours : d'après le devis, il faut qu'on l'y laisse trois jours au moins. Après ce délai, comme il a acquis une solidité suffisante pour conserver la forme déterminée par les parois de la caisse, on démonte celle-ci; mais l'enlèvement n'a lieu qu'après que le bloc est assez durci dans l'intérieur pour résister aux diverses manœuvres qu'il a à subir avant d'être mis en place. Le temps qui lui est nécessaire pour acquérir une dureté complète varie nécessairement selon la saison durant laquelle il a été fabriqué, sans que cette variation soit aussi considérable qu'on pourrait se l'imaginer tout d'abord. Sur les faces du bloc, l'action de l'atmosphère agit sans doute avec plus ou moins de vigueur, suivant qu'elle est plus ou moins forte. Mais à l'intérieur le béton n'est que faiblement influencé par la chaleur qui vient du dehors. Cette influence, dans tous les cas, n'est que superficielle, et l'on ne saurait en tenir compte d'une manière sérieuse dans l'appréciation du temps. En général, pour qu'un bloc puisse être immergé sans danger, il faut qu'il reste exposé à l'action de l'air et du soleil pendant trois mois au moins; après ce délai, qu'on doit considérer dans tous les cas comme un minimum de temps, on peut manœuvrer le bloc sans crainte de le briser.

Soulèvement des blocs artificiels.

Une rangée de blocs se trouve dans ce dernier cas. Aussitôt on enlève une partie de la voie ferrée qui règne au-dessus et l'on pose cette voie dans le vide ménagé entre les rangées de blocs. La grue roulante est ensuite annexée sur la voie et on la fait avancer jusqu'à ce que les fléaux correspondent aux rainures du bloc. Les hommes de l'équipage passent les chaînes dans ces rainures et viennent les accrocher à l'extrémité des fléaux. Cela fait, le mécanicien donne le mouvement à l'arbre des verins et en quelques minutes le bloc est suffisamment soulevé pour pouvoir être transporté. La grue est alors mise en marche et elle vient se placer au-delà du chemin creux, de manière que le bloc se projette sur l'axe de ce chemin. A ce moment, le treuil établi sur le plancher inférieur de l'embarcadère envoie le wagon en fonte à la rencontre de la grue et ce wagon est placé immédiatement sous la partie arrière de l'appareil. C'est encore au moyen de la grue que le bloc est descendu et placé sur le wagon. Dès que cette opération est achevée, on enlève les chaînes de suspension, et le wagon, par l'effet du touage dont il a été parlé, est amené sous l'embarcadère.

Transport des blocs artificiels.

Ici trouve sa place une observation relative à la plaque tournante qui est établie sur le wagon de transport. La disposition du chantier, on a pu le remarquer, est telle que les blocs présentent la plus grande de leur dimension dans un sens parallèle au rivage. La grue ne peut pas changer cette disposition, de sorte que lorsqu'elle dépose les blocs sur le wagon de transport, ceux-ci se trouvent placés d'une manière transversale par rapport au chemin creux et à la direction de l'embarcadère. Bien que le chemin creux soit moins large que les blocs, la situation de ces derniers n'est pas un embarras, puisque le plateau de la plaque tournante du wagon domine le niveau général du chantier; mais arrivé à l'embarcadère, la question se présente sous un autre point de vue : dans un but de sage économie on a réduit au strict nécessaire la largeur de l'embarcadère entre les deux rangées de pieux. Cette largeur, suffisante pour faire passer les blocs suivant leur plus petite dimension, ne permet pas de les faire arriver au-dessous du treuil supérieur dans la position qu'ils occupent sur le wagon au moment où la grue les y dépose. Il fallait donc pouvoir les tourner facilement. Ainsi s'explique l'existence d'une plaque tournante sur le wagon de transport. Cette plaque qui roule sur des galets coniques, ainsi que cela a été déjà dit, obéit au moindre effort, car on a eu soin de placer les galets sur une surface légèrement sphérique afin de diminuer autant que possible la résistance produite par le frottement. Témoins bien des fois de cette manœuvre, les auteurs sont en mesure d'affirmer que deux hommes d'une force ordinaire suffisent pour faire tourner la plaque en appuyant simplement sur l'un des angles du bloc. Lorsque le wagon est arrivé à l'embarcadère, on l'arrête et l'on fait faire un quart de révolution à la plaque; le wagon est alors amené sous le treuil supérieur en face de la partie d'équerre de l'embarcadère.

Embarquement des blocs artificiels.

Ici encore, on rencontre la même difficulté que l'on surmonte par le même moyen, c'est-à-dire qu'on rétablit le bloc dans sa position primitive afin qu'il puisse être transporté sans embarras sur cette dernière partie de l'embarcadère. Aussitôt de nouvelles chaînes sont passées dans les rainures et accrochées à l'extrémité des poulies portées par la chaîne qui s'enroule sur le tambour du treuil. A un signal donné, le treuil mis en mouvement, soulève le bloc et lorsqu'on juge qu'il est suffisamment élevé, on presse la roue de frein avec le levier et l'on met l'aiguille d'arrêt. Le manchon au moyen duquel la manivelle du treuil est mise en communication avec l'arbre vertical de transmission est dépassé, et le treuil se trouve alors soumis à la seule action du touage.

Lorsque le wagon est arrivé à l'aplomb du chaland, on débraye le pignon qui met le tambour de touage en communication avec l'arbre vertical et le wagon s'arrête. Il s'agit, pour lors, de faire descendre le bloc sur le chaland, non plus à l'aide de la vapeur, puisque dans cette position le treuil est isolé de la machine, mais par le seul poids du bloc. C'est ici que la roue de frein joue un rôle important; il est certain que si l'on abandonnait le treuil à lui-même, la chaîne du tambour se déroulerait avec une vitesse susceptible de compromettre le succès de l'opération et deviendrait dangereuse pour les hommes chargés de la manœuvre.

La roue de frein permet de modérer et de régler le mouvement de la chaîne. On enlève d'abord l'aiguille d'arrêt et, en même temps, on saisit le levier de la roue de frein au moyen duquel on peut à la rigueur arrêter momentanément le mouvement de rotation du tambour. Il est superflu de dire que pendant qu'on procède à la descente et à la mise en place du bloc apporté sous l'embarcadère, la grue roulante amène un autre bloc sur la voie creuse, de sorte qu'il n'y a jamais interruption dans le travail.

Il résulte des observations qui ont été faites avec soin, qu'en moyenne l'enlèvement, le transport et l'embarquement d'un bloc exigent 25 minutes; c'est-à-dire, que dans une heure, temps nécessaire pour la fabrication d'un bloc, on peut facilement en embarquer deux. Cette différence est en rapport avec les circonstances sous l'empire desquelles se trouvent placées ces deux parties de l'installation. La fabrication, sauf les jours de forte pluie, se poursuit toujours, et les approvisionnements, par la manière dont ils sont combinés, fournissent les matériaux nécessaires pour un travail continu. Pour l'embarquement, on peut à peine compter sur la moitié du temps, surtout pendant l'hiver. Dès que la mer est un peu grosse, il devient impossible de faire approcher les chalands contre l'embarcadère, et cet obstacle n'existerait-il pas, qu'on serait arrêté encore par les dangers que présenterait l'immersion des blocs. Il est donc nécessaire que les moyens d'embarquement soient, au moins, deux fois plus rapides que ceux de la confection, afin d'établir l'équilibre entre les diverses opérations qui se rattachent à ce chantier.

SECTION QUATRIÈME.

TRANSPORT ET IMMERSION DES BLOCS DE TOUTE NATURE.
NOUVEAU SYSTÈME DE QUAIS.

CHAPITRE XV.

Description détaillée du profil d'exécution de la grande jetée du large.— Position respective des blocs de différente nature et de diverses catégories.

On a pu juger, par ce qui précède, de tous les moyens mis en œuvre pour extraire et pour fabriquer les blocs destinés à la confection des digues à la mer; mais rien n'a été dit encore sur ce qui se pratique pour amener ces mêmes blocs au lieu d'emploi et pour les mettre en place. C'est ce qui fait l'objet de la présente section. Mais, tout d'abord, il paraît nécessaire de compléter les indications déjà données en ce qui concerne la formation du bassin Napoléon.

Dans le chapitre 1er on s'est borné à décrire le dessin géographique du profil de la jetée, afin de faciliter l'établissement des lignes de construction.

Ce qui va suivre a pour but de faire connaître d'une manière exacte la place qu'occupent les diverses espèces de matériaux employés à la construction de ce grand et magnifique travail.

Profil d'exécution de la grande jetée du large. Pl. IV. fig. 2.

Le fond sur lequel la jetée est établie varie nécessairement de profondeur; cependant il était utile d'adopter un profil type pour pouvoir présenter une description correcte et complète. La profondeur de 17 mètres pouvant être considérée comme une moyenne sur tout le développement de la digue, elle a été prise comme point de départ de toutes les indications qui vont suivre.

Le premier noyau de la jetée est formé par un massif de moëllons ou menus matériaux provenant des débris de carrières. Ce massif a 3 mètres de hauteur et s'étend sur une largeur de 22^{m} 60 en couronne. L'expérience a démontré que ces matériaux, comme du reste tous les enrochements à pierres perdues, affectent naturellement une inclinaison de 1^{m} 33 de base pour 1^{m} 00 de hauteur. Il arrive donc que ce premier noyau occupe au fond une largeur de 30^{m} 60.

Au-dessus de ces moëllons et sur une épaisseur de 6 mètres, on place des blocs de petites dimensions, désignés dans le devis sous le nom de blocs de la 1re catégorie; mais l'immersion de ces blocs est conduite de manière à ce que du côté du large ils enveloppent complètement le premier noyau, tandis que, du côté intérieur, ils continuent simplement le talus du massif inférieur.

Cette première enveloppe présente en couronne une largeur totale de 23 mètres et en base un empâtement de 47 mètres.

Le troisième massif, ou seconde enveloppe, est établi d'après le même système que le précédent; seulement son épaisseur verticale est de 10^{m} 00, et il est formé de blocs dits de la 2me catégorie présentant une consistance plus considérable. Le talus intérieur est continué, ainsi que le montre le dessin, et le talus extérieur conserve toujours l'inclinaison première.

Arrivée à ce point, la jetée présente en section la forme d'un triangle coupé par une ligne parallèle à la base, ayant une largeur de 57^{m} 66, à sa partie inférieure, une largeur de 7^{m} 00, au-dessus et une hauteur totale de 19^{m} 00. C'est là le véritable corps de la jetée qui se trouve ainsi élevée à 2^{m} 00 au-dessus du niveau de la mer, puisqu'on a admis que le fond était couvert d'une hauteur d'eau de 17^{m} 00. Tous les matériaux employés au dehors de ce grand massif peuvent et doivent être considérés comme formant un revêtement destiné à garantir la digue contre l'action de la mer.

Ce revêtement enveloppe la digue à l'intérieur aussi bien qu'à l'extérieur. La partie extérieure, dont l'objet est de résister à l'action de la mer du côté du large, est formée elle-même de trois parties distinctes que l'on peut cependant réduire à deux en ne tenant pas compte de la nature des matériaux qui la composent.

A partir du niveau de la mer, les blocs d'enrochement sont immergés suivant une inclinaison de 45°, et comme le talus de la jetée est de 1ᵐ 33 sur 1ᵐ 00, il s'ensuit que l'épaisseur du revêtement varie et qu'elle va en diminuant à mesure qu'on approche du fond.

Voici du reste, comment est reglée cette première partie du revêtement extérieur.

A la hauteur de la mer, il a une épaisseur de 10ᵐ 00, mesurée horizontalement, et, eu égard à la hauteur et à la différence des inclinaisons, cette épaisseur se trouve réduite à 4ᵐ 34 au pied même de la jetée.

Ce revêtement ainsi déterminé est formé, partie en blocs naturels de la 1re catégorie et partie en blocs artificiels dont le volume, ainsi que cela a été déjà dit, est invariablement de 10 mètres cubes pour chaque bloc.

Les blocs naturels occupent la partie inférieure du talus jusqu'à la hauteur de 9ᵐ 00 au-dessus du fond; les blocs artificiels sont placés au-dessus. Cette combinaison est, du reste, en parfaite harmonie avec les faits qui se produisent en mer. L'action des vagues se fait sentir avec plus de violence sur les corps placés à la surface de l'eau que sur ceux qui occupent une position inférieure. De nombreuses expériences et observations faites par des hommes compétents ont démontré que dans la Méditerranée, et notamment dans le golfe du Lion, l'agitation de la mer, même pendant les ouragans, ne dépasse pas la profondeur de 8 à 10 mètres. C'est sans doute cette considération qui a déterminé les auteurs du projet à adopter la forme du revêtement de cette partie de la jetée.

Au-dessus du niveau de la mer les dispositions sont tout-à-fait différentes : les blocs artificiels sont placés de manière à former un talus de 3 de base pour 1 de hauteur, et l'enrochement est prolongé jusqu'à une hauteur de 3ᵐ 33 au dessus du niveau de la mer, c'est-à-dire jusqu'à 1ᵐ 33 au dessus du couronnement de la jetée. Cette surélévation des enrochements est destinée à servir de base au mur d'abri qui doit être établi plus tard, ainsi que cela est indiqué en rouge sur le profil d'exécution (P. IV).

Du côté de l'intérieur, la jetée est défendue par un double revêtement en blocs naturels de la 2e et de la 1re catégorie. Le premier de ces revêtements est conduit jusqu'à une hauteur de 2^m 00 en contre-bas du niveau de la mer et suivant une inclinaison de 1 $^1/_2$ de base pour 1 de hauteur. Son épaisseur en couronne, mesurée horizontalement, est de 8 mètres, et, comme le talus de la jetée est un peu moins incliné, l'épaisseur du revêtement est plus considérable à la base, où elle atteint, d'après le profil type, la cote de 10^m 50. Le second revêtement est établi parallèlement au premier, sur une épaisseur uniforme de 9 mètres : toutefois l'enrochement ne s'élève qu'à une hauteur de 7 mètres en contre-bas de la mer.

La disposition relative au revêtement intérieur a été adoptée dans le double but d'augmenter la résistance de la jetée et de préparer l'établissement d'un quai.

Ainsi qu'on peut s'en convaincre par les détails du profil, en plaçant le mur sur le dernier enrochement intérieur à une distance de 2^m 50 de l'arête de cet enrochement, on dispose encore d'une largeur de 30 mètres jusqu'au mur d'abri, ce qui est un très beau résultat pour un quai établi sur une jetée. Il est bon d'observer aussi que la forme de l'enrochement permet d'avoir contre les quais même un tirant d'eau de 7^m, et qu'ainsi on peut faire aborder les navires de la manière la plus profitable pour l'embarquement et le débarquement des marchandises.

Quant au vide compris entre les quais et le mur d'abri, il est rempli par un simple remblais composé cependant de débris de carrières à l'exclusion de terres argileuses, afin d'éviter une trop grande poussée.

Telle est, d'une manière générale, la composition de la grande jetée du large qui doit abriter, dans un avenir très-prochain, le vaste bassin Napoléon. Cette composition, qui diffère fort peu de celle adoptée pour la jetée du port de la Joliette, ne laisse aucun doute dans l'esprit en ce qui concerne la stabilité de l'ouvrage. Les épreuves auxquelles ont été soumises soit la jetée ancienne, soit la jetée en construction, ont démontré d'une manière évidente l'efficacité du système ; on peut donc sans aucune hésitation s'y rapporter pour l'établissement de travaux de même nature placés dans des circonstances analogues.

Immersion des blocs.

Les moyens employés pour immerger et placer les divers matériaux qui concourent à la formation de la jetée sont assez nombreux ; car, si les uns et les autres viennent par mer, ils sont cependant mis en place soit par immersion directe, soit par voie de terre. Cette description présentant un intérêt au point de vue de l'exécution proprement dite, il a paru nécessaire de lui donner quelque développement et surtout de présenter cette description suivant une division rationnelle, telle qu'elle résulte réellement du fait en lui-même.

Pour entrer dans ce travail détaillé, il est à propos de rappeler aux lecteurs la situation des lieux d'extraction et de fabrication des blocs, afin que l'esprit, saisissant l'ensemble de l'opération, puisse mieux en apprécier les particularités. C'est dans ce but qu'ont été établies les planches II et III, représentant l'une la vue générale du Frioul et l'autre la vue du grand chantier des blocs artificiels.

La vue du Frioul donne une idée exacte de la situation des lieux d'extraction des blocs naturels, de la forme qu'affectent les fonds des carrières et de la disposition relative qu'occupent les points d'embarquement.

Vue des carrières des îles du Frioul. Pl. II.

Cette planche permet aussi d'apprécier l'étendue qu'occupent les chantiers et l'espace abrité dans lequel se meuvent et stationnent les nombreux chalands destinés au transport des blocs. Enfin, on a profité de la nécessité où l'on se trouvait de fournir cette perspective pour faire connaître les divers accidents que présente la rade de Marseille, vue de l'île du Frioul.

Sur le premier plan et au-dessus des carrières se trouve un ancien fort presque abandonné aujourd'hui et qui est cependant admirablement placé pour défendre les abords de l'île et, par conséquent, une partie de la rade ; sur le second plan et à droite du tableau est situé le fort dit Château-d'If, célèbre par les nombreux et éminents prisonniers d'État qui y ont été enfermés; enfin, dans le fond, on aperçoit la montagne Notre-Dame-de-la-Garde au sommet de laquelle est située une chapelle dédiée à la Vierge et qui est en grande vénération chez les marins et chez tous les habitants de la Provence. Ces trois points principaux sont, du reste, des repères au moyen desquels se dirigent, suivant les vents, les convois de transport entre le Frioul et le nouveau port en construction.

La vue du chantier des blocs artificiels fait comprendre le mouvement général qui se produit dans cette partie de l'installation. Là se trouvent réunis, dans un espace relativement assez restreint, tous les instruments, machines et engins mis en jeu pour transformer en blocs indestructibles les éléments friables qui entrent dans leur composition. S'il s'agissait de décrire cette planche au point de vue purement artistique, naturellement il faudrait suivre les objets tels qu'ils se présentent à la vue; mais cette méthode nuirait à l'ordre des idées pour lesquelles cette planche a été établie. Il a paru préférable de se rattacher à la marche régulière de l'opération.

Vue du chantier des blocs artificiels. Pl. III.

C'est au sud-ouest, le long du rivage de la mer, que se trouve placée la grue pivotante au moyen de laquelle on fait arriver au niveau des bétonnières les galets destinés à la fabrication du béton et qui sont apportés par des chalands; un peu en avant de cette machine s'étend l'emplacement sur lequel est déposé le sable apporté par les tartanes.

A peu près sur le même plan, mais en avançant dans l'est, on voit distinctement l'organisation spéciale des manéges à mortier desservis par la romaine et par le balancier qui sont destinés à la montée et à la descente du sable, de la chaux et des galets.

En contre-bas de cette installation apparaît le plancher sur lequel sont établis les cylindres manipulateurs, et l'on voit à la suite se profiler dans toute son étendue le hangar dans lequel est installée la grande machine fixe qui anime cette partie importante du chantier et où se trouvent en même temps les magasins à chaux.

En avant de cette première organisation, et par conséquent, vers le nord, s'étend la masse imposante des blocs artificiels fabriqués par les moyens indiqués. Au milieu de ce grand rectangle, on voit, en plein mouvement, le chariot à vérins qui vient saisir ces mêmes blocs pour les transporter sur la voie creuse cachée par le mur de clôture, et d'où on les conduit sur l'embarcadère situé à l'extrémité nord-ouest du chantier.

A l'ouest du tableau on voit la jetée en construction et les bâtiments établis sur la traverse qui termine le bassin de la Joliette. Au large et tout-à-fait au fond se dessinent les îles du Frioul et une partie de la rade. Enfin, on a indiqué à l'est le bâtiment principal de l'ancien Lazaret, dit la Galerie des Princes, dont la destruction est ordonnée et qui n'existera certainement plus au moment où cet ouvrage sera publié.

Ainsi cette planche, dont l'utilité au point de vue technique peut être contestée, a cependant pour effet de faire voir que dans ce grand chantier des blocs artificiels tout se lie et s'enchaîne, depuis la grue pivotante, qui est le point de départ de la manœuvre, jusqu'à l'embarcadère qui en est le couronnement. On se rend compte ainsi de la pensée qui a présidé à cette brillante installation dont la réalisation a été un véritable triomphe pour l'Art si rude et si ingrat, quand il s'applique aux travaux maritimes.

CHAPITRE XVI.

Transport par mer des blocs naturels. — Chalands plats et chalands à clapet. — Immersion des moëllons. — Immersion des blocs, voie de terre. — Appontement. — Wagons-locomotive. — Immersion des mêmes blocs, voie de mer. — Mâture pivotante à vapeur.

Les blocs naturels exploités sur l'île du Frioul forment trois catégories bien distinctes quant au mode suivi pour leur immersion. La première se compose uniquement de débris de carrières désignés dans le devis sous le nom de moëllons, et devant former la base de la jetée; la seconde s'applique aux blocs de petite et de moyenne dimension, destinés à former le noyau de la digue; la troisième est composée de forts blocs placés plus particulièrement en revêtement.

Le transport de ces divers matériaux s'effectue de la même manière avec le concours de cinq à six chalands remorqués par un bateau à vapeur qui a été organisé spécialement pour cet usage; il serait donc superflu de reproduire dans la description qui va suivre et pour chaque catégorie de blocs le mode suivi pour leur transport au lieu d'emploi.

Les moëllons, amenés sur les appontements à bascule, ainsi que cela a été expliqué dans la deuxième section, sont reçus dans des chalands pontés percés dans leur longueur de deux ou trois larges ouvertures, dont le profil présente la forme d'une pyramide tronquée. Les parois de ces cavités, qui pénètrent dans toute la profondeur du chaland, sont revêtues d'une forte plaque en fer, et le fonds est terminé par un clapet composé de deux battants dont l'un des côtés est fixé à la baie au moyen de charnières, et l'autre est assujetti à une forte chaîne accrochée à un levier qui se trouve placé sur le pont du chaland. Pl. XIV.

On conçoit de suite qu'abandonnés à eux-mêmes et surtout lorsque des blocs pèsent dessus, les deux battants qui s'ajustent parfaitement quand ils sont placés horizontalement, tendent à s'abattre et à laisser ainsi un libre passage au chargement contenu dans la cavité. La chaîne dont il vient d'être parlé a donc pour effet de commander le mouvement. Une autre chaîne, mais de bien plus petite dimension, est également fixée aux battants du clapet.

Cette chaîne, noyée comme la précédente dans le massif du chargement, est adaptée à un petit treuil placé sur le pont à côté du levier, et ne sert uniquement qu'à ramener les deux battants du clapet lorsque le déchargement est effectué.

L'immersion des moëllons est donc une chose très-simple à faire. Lorsque cinq ou six chalands sont remplis, on les relie entr'eux et on les confie à un remorqueur qui traîne le convoi jusque dans l'alignement des balises au moyen desquelles est déterminé l'emplacement de la jetée. A un moment donné, on manœuvre le levier qui tend la chaîne du clapet, et les matériaux contenus dans le corps du chaland se précipitent dans la mer. Immédiatement après, on ramène les battants du clapet en enroulant sur le treuil la petite chaîne dont il vient d'être parlé. Le chaland est alors prêt à recevoir un nouveau chargement.

L'immersion des blocs de moyenne grosseur s'effectue par déversement en faisant prendre au chaland chargé une inclinaison suffisante pour que les blocs glissent d'eux-mêmes. Ce moyen, très-ingénieux et très-expéditif, exige quelques soins dans la manière de charger les chalands. Car, ainsi qu'on va en juger, tout le succès de l'opération dépend de la disposition du chargement.

Profil longitudinal de la grande jetée indiquant l'immersion des blocs. Pl. LIII.

D'abord, les chalands destinés à recevoir les blocs sont recouverts d'un fort plancher présentant une surface plane et sans bordage. Des rouleaux en grand nombre sont disposés sur ce plancher dans le sens de la longueur du pont, et les blocs, descendus des appontements au moyen d'un treuil, sont posés sur ces rouleaux. On a soin, en outre, de placer quelques blocs de forte dimension sur l'un des bords du chaland, de manière à pouvoir facilement les précipiter dans la mer. Lorsque le convoi est arrivé à destination, les chalands sont placés en travers de la jetée et dans la position déterminée rigoureusement par les balises; ils sont ensuite amarrés sur des bouées à l'avant et à l'arrière. Après s'être bien assurés de la position relative des chalands, les hommes postés sur le pont font rouler à la mer deux ou trois des gros blocs qu'on a eu soin de placer sur un seul côté du chaland, ainsi qu'on vient de le dire plus haut.

Cette diminution de poids détermine un mouvement de roulis très-considérable, et les blocs, posés sur des rouleaux, se meuvent sur le plan incliné avec une grande vitesse; en un instant, tout le chargement est dans la mer. Après quelques oscillations inévitables, le chaland reprend sa position normale. On le dégage alors de ses amarres, on ramasse les rouleaux qui ont naturellement suivi les blocs, et le convoi retourne au lieu du chargement.

On a pu se demander comment les manœuvres chargés de faire rouler les premiers blocs faisant équilibre pouvaient se garantir contre la double action du roulis et du passage du chargement entier entraîné par le mouvement. Les auteurs de l'installation se sont beaucoup préoccupés de cette question délicate et, après plusieurs essais, ils se sont arrêtés à un moyen qui a été accepté par les manœuvres à cause même de sa simplicité. Ce moyen consiste à placer tout-à-fait contre les blocs destinés à être poussés à la mer, un nombre suffisant de poteaux scellés solidement sur le bord du chaland. Ces poteaux portent un certain nombre de taquets saillants pouvant servir de marches pour s'élever facilement au-dessus du pont. Dès que le bloc sur lequel on opère a été suffisamment ébranlé pour assurer sa chûte, le manœuvre grimpe sur le poteau auquel il se cramponne, et il est là simple témoin du vacarme qui se produit sous lui. Il faut ajouter toutefois que les hommes chargés de cette manœuvre sont choisis parmi les plus agiles et l'on préfère, en général, des marins.

Le même système est employé pour l'immersion des blocs de fortes dimensions tant que la hauteur de la jetée ne fait pas obstacle à l'abordage de chalands chargés; mais on ne peut guère compter sur un pareil moyen, parce qu'en général lorsque le noyau de la digue formé par des moëllons et par des blocs de moyenne dimension a atteint la hauteur voulue, le tirant d'eau est excessivement réduit et il serait dangereux alors de faire approcher des chalands lourdement chargés.

Deux moyens ont été successivement employés pour immerger les gros blocs dans des conditions convenables. Pour les distinguer, l'un de ces moyens a été désigné sous le nom de *voie de terre* et l'autre par *voie de mer*.

L'immersion par voie de terre a été employée d'une manière exclusive dès le début de l'entreprise; plus tard on a préféré le mode d'immersion par voie de mer comme étant mieux approprié aux circonstances particulières du travail.

On jugera d'ailleurs par la description ci-après des avantages respectifs des deux systèmes.

L'immersion par voie de terre s'effectue de la manière suivante :

Les chalands employés au transport de ces blocs sont semblables à ceux mis en usage pour les blocs de moyenne dimension; le chargement se fait de la même manière; seulement les rouleaux destinés à faciliter le glissement des blocs sont remplacés par de fortes cales dont l'objet est de laisser un vide entre le plancher du chaland et la pierre.

Les chalands ainsi chargés sont amenés dans l'intérieur du port et au pied d'un appontement établi à l'extrémité de la jetée du bassin de la Joliette. Cet appontement est semblable à ceux dont on a fait connaître les dispositions pour l'embarquement des blocs naturels au chantier du Frioul. Toutefois, comme au pied de la jetée il existe un fond suffisant pour l'abordage des chalands, l'échafaudage a été établi presque entièrement sur le corps de la jetée. Quant à la hauteur du plancher, elle est déterminée par celle du couronnement de la digue qu'elle dépasse de trois mètres environ.

Une voie ferrée, dont la longueur augmente au fur et à mesure de l'avancement des enrochements, est établie sur l'axe du couronnement de la jetée : une plaque tournante est disposée au niveau de la voie et en face du plancher de l'appontement; enfin, le système est complété par un treuil mobile semblable à ceux mis en usage pour le chargement des blocs naturels, et roulant sur un chemin de fer qui est établi sur le plancher de l'appontement.

Dès que le chaland est arrivé sous le pont, on accroche un bloc à la chaîne du treuil; ce bloc est élevé, transporté et déposé ensuite sur un wagon plat qui se meut sur la voie de fer disposée en avancement.

Dans le principe et lorsque la jetée en construction n'avait qu'une faible longueur, le transport du wagon chargé s'effectuait au moyen de chevaux. Plus tard, ce système de traction est devenu trop long et trop coûteux et l'on y a substitué une petite locomotive disposée à l'arrière et poussant, par conséquent, le wagon en avant. Ce système de traction a permis d'apporter une grande amélioration dans le mode d'immersion des blocs et dans le transport du wagon vide; lorsque l'attelage était sur le devant, il devenait impossible de donner une inclinaison quelconque au wagon, de sorte que le renversement du bloc exigeait l'emploi de forces considérables : souvent les pinces devenaient insuffisantes, et il fallait avoir recours à des crics d'une grande puissance. Après l'immersion, il fallait dételer le cheval et l'atteler de nouveau à l'arrière pour ramener le wagon sous l'appontement. L'emploi de la locomotive a permis de simplifier cette longue et pénible opération. D'abord, la voie ferrée a été établie vers son extrémité suivant un plan incliné dont la longueur est sensiblement égale à celle du wagon et de la charge. Les rails sont retroussés tout-à-fait au bout, de manière à déterminer un point de retenue; le wagon amarré à la locomotive est donc lancé sur ce plan incliné et y demeure jusqu'à ce que le bloc soit arrivé dans la mer.

Dans ces conditions, l'immersion du bloc devient une opération des plus simples et des plus faciles. L'inclinaison du wagon étant assez sensible pour déterminer un glissement, on n'a, pour ainsi dire, qu'à accélérer le mouvement en relevant le bloc au moyen de pinces, ce qui se fait sans grands efforts et surtout sans danger. Dès que le bloc est lancé, la locomotive, par un mouvement en arrière, ramène le wagon à son point de charge et ainsi de suite.

Ce mode d'immersion est certainement un progrès immense comparé à ceux dont on faisait usage lors de la construction du bassin de la Joliette; mais les auteurs de la nouvelle installation, animés du désir de simplifier encore cette importante opération, ont conçu et mis en œuvre un système qui laisse bien loin tout ce qui a été pratiqué jusqu'à présent.

Mâture pivotante pour l'immersion des blocs naturels.
Pl. XLVIII et XLIX.

C'est ce nouveau système qui a été désigné sous la rubrique : *Immersion des gros blocs par voie de mer;* parce qu'en effet, d'après le nouveau procédé, les blocs ne quittent les chalands sur lesquels ils sont embarqués au Frioul que pour prendre la place qu'ils doivent définitivement occuper dans la jetée.

Le moyen consiste dans l'emploi d'une sorte de grue pivotante, établie sur un chaland et mue par la vapeur au moyen du treuil Girard et Guinier, dont la description a été donnée à propos de la grue à équilibre constant.

Tout le système repose sur un disque de fer fixé sur le pont du chaland. Il est formé d'une plaque tournante roulant sur des galets côniques et supportant un cadre en bois qui est solidement fixé sur les côtés de la plaque et retenu au centre au moyen d'un pivot. C'est sur ce cadre, couvert d'un plancher, que sont placés le treuil et tous les détails de la petite machine à vapeur qui l'anime.

La mâture est composée de deux fortes bigues inclinées, disposées de manière à concourir entr'elles et fixées à l'arrière sur chacun des côtés latéraux du cadre. Ces bigues sont retenues à l'avant au moyen d'un chevalet vertical et de deux jambes de force. Le chevalet repose entièrement sur la traverse du cadre et les jambes de force sont assemblées d'une part à l'extrémité des côtés latéraux du cadre et d'autre part sur les bigues vers leur point de jonction. Toutes les hauteurs et la direction de ces diverses pièces de bois sont combinées de manière à donner à la mâture une inclinaison de 2 de base pour 1 de hauteur. C'est à la hauteur du point de jonction des deux bigues que se trouve fixée la poulie dans laquelle passe la chaîne de suspension dont une des extrémités s'enroule et se déroule sur le tambour du treuil.

On voit par cette simple description que tout est disposé pour obéir à deux mouvements entièrement indépendants l'un de l'autre; mouvement de rotation imprimé à tout le système reposant sur une plaque tournante; mouvement d'ascension et de descente au moyen du treuil à vapeur.

Le mouvement de rotation est produit au moyen d'une barre transversale fixée au cadre et au pivot qui supporte la plaque tournante et dont la longueur est égale à la largeur du chaland. L'espace compris entre la plaque tournante et le bordage du chaland est suffisant pour y placer deux hommes et même trois au besoin; mais, en général, deux hommes agissant à l'extrémité de la barre peuvent sans trop d'efforts faire tourner tout le système.

Pour compléter l'organisation de ce système d'immersion, il restait à parer au mouvement de renversement qui devait nécessairement se produire à l'avant du chaland, au moment où la grue était chargée. Etablir un système de contre-poids était chose indispensable, eu égard à la place qu'occupe l'appareil sur le chaland et à la charge accidentelle d'un poids pouvant atteindre jusqu'à 120000 kilogrammes et se projetant à l'avant. Si le poids à soulever avait dû être placé d'une manière constante dans l'axe du chaland, le contre-poids eût été facile à obtenir; toute la question se serait réduite à placer à l'arrière un poids quelconque pouvant faire équilibre avec la charge de l'avant; mais ce qui rendait la solution plus difficile, c'est que le mouvement de rotation imprimé à la plaque tournante transporte la charge dans toutes les directions du cadran ; de sorte que le chaland est sollicité dans son travers aussi bien que dans son axe. Il fallait donc empêcher l'effet du double mouvement de tangage et de roulis imprimé au chaland par l'évolution du bloc suspendu à la chaîne du treuil. Les auteurs de l'installation ont imaginé un système à la fois simple et ingénieux et qui pare à tous les inconvénients. D'abord, ils ont placé un contre-poids à l'arrière du chaland (ceci était indiqué naturellement) et pour empêcher le mouvement de roulis, ils ont attaché un autre chaland à celui qui est porteur de tout le système.

Cet accouplement est réalisé au moyen d'une forte pièce de bois qui traverse les deux ponts auxquels elle est solidement fixée. Ces points d'attache sont consolidés en outre par des chaînes embrassant les coques des chalands et amarrées sur la traverse, de sorte qu'il y a solidarité complète.

Le choix du point d'attache des deux chalands a fait aussi l'objet d'une attention particulière de la part des auteurs de l'installation. Ainsi qu'on peut le remarquer sur la planche XLVIII, la traverse qui lie les deux chalands passe tout-à-fait à l'avant du chaland supplémentaire, et se trouve un peu à l'arrière de la première. Cette disposition établit une sorte d'équilibre moyen entre les diverses forces qui doivent agir en même temps et dans diverses directions au moment où s'accomplit le soulèvement et l'immersion du bloc.

D'ailleurs, il ne s'agit plus ici d'une définition ou d'une discussion théorique : le fait est là qui répond à tout. Les nombreux témoins qui suivent avec attention les intéressants travaux des ports de Marseille, ont pu se convaincre que l'accouplement des deux chalands, tel qu'il a été réalisé, ne laisse rien à désirer sous le rapport de la stabilité de tout le système qui fonctionne avec une régularité parfaite.

En ce qui concerne la manœuvre, elle est très-facile à saisir. Lorsque les chargements de blocs sont arrivés à proximité de la jetée, l'on place la mâture entre les chalands et le point où doit avoir lieu l'immersion; un bloc est accroché à la chaîne de suspension, et il est aussitôt élevé au moyen du treuil. Dès qu'il a atteint une hauteur suffisante, on agit sur la barre à laquelle obéit la plaque tournante de manière à projeter le bloc sur le point qu'il doit occuper; le treuil agissant alors en sens inverse fait descendre le bloc et des hommes placés sur la jetée ou dans des bateaux, suivant le cas, en dirigent l'immersion. On a remarqué qu'avec ce moyen à la fois le plus sûr et le plus expéditif on pourrait immerger dans une journée de douze heures jusqu'à 100 mètres cubes de blocs représentant un poids total de 260,000 kilogrammes.

La manœuvre exige la présence d'un mécanicien, d'un chauffeur et de douze ouvriers.

CHAPITRE XVII.

Transport par mer des blocs artificiels.— Immersion par terre.— Immersion par mer.— Grande mâture fixe à vapeur.

Dans le chapitre XIV de la troisième section on a fait connaître par quels moyens, après avoir assuré la fabrication des blocs, on les amenait sur le rivage et on les embarquait sur des chalands.

Il s'agit maintenant de compléter la description de cette importante opération en indiquant comment on parvient à transporter et à immerger ces énormes masses de poudingue factice que le génie de l'homme est parvenu à créer pour opposer à l'action puissante et destructive de la mer.

Avant l'installation actuelle, et lorsqu'on a construit le port de la Joliette, l'immersion des blocs se faisait au moyen de radeaux supportés par de grands tonneaux; mais ce système, qui est encore en usage dans plusieurs ports, n'était plus en harmonie avec l'ensemble des moyens dont on dispose ici soit pour l'embarquement, soit pour le transport des blocs.

Le système des radeaux se composait, comme moyen d'embarquement, d'un plan incliné établi à l'extrémité de la voie de transport et sur lequel on faisait glisser le bloc à force de bras. Lorsque celui-ci était mis en place, on faisait avancer le radeau au moyen d'un touage qui était d'autant plus compliqué que le point d'embarquement était plus éloigné du lieu d'emploi. La construction de l'embarcadère, tel qu'il a été décrit, et l'usage d'un treuil supérieur pour soulever et transporter le bloc jusqu'à l'aplomb du point d'embarquement, ont permis de substituer aux anciens radeaux des chalands plats susceptibles d'être remorqués. Cette substitution était d'autant plus nécessaire que l'activité du travail était plus considérable et que la distance qui sépare le chantier de confection de la digue en construction est très-grande, eu égard à celle qu'on avait à parcourir lors de la construction du bassin de la Joliette.

La forme des chalands employés au transport des blocs artificiels diffère peu de celle des chalands affectés au transport des blocs naturels.

Dans le principe et avant qu'on eût songé à immerger les blocs au moyen d'une machine spéciale, les chalands destinés à l'immersion directe portaient sur le pont une sorte de plan incliné mobile composé de deux fortes pièces de bois longitudinales, d'épaisseur inégale, sur lesquelles les blocs étaient placés. L'une des longrines, la plus faible, était fixée invariablement sur le pont, tandis que la plus forte était disposée de façon à subir l'action d'un cric qui se relevait à volonté. Lorsque les chalands étaient arrivés à destination, on manœuvrait le cric de manière à établir un plan incliné très-raide et les blocs étaient ainsi précipités dans la mer.

Depuis qu'on a renoncé à ce mode d'immersion qui n'était pas sans danger pour les ouvriers employés à ce pénible travail, et qui ne permettait pas toujours de disposer les blocs suivant les lignes du profil, les chalands ont subi une légère modification. Les longrines existent toujours, mais elles sont toutes les deux fixes et de même dimension. Toute leur action se borne à laisser un vide entre le plan inférieur des blocs et le pont du chaland, afin de pouvoir envelopper le bloc d'une chaîne destinée à le suspendre.

La longueur des chalands est combinée de façon à pouvoir contenir trois blocs, lesquels sont placés sur les longrines dans le sens de leur plus grande dimension. Pl. LII.

On a soin également de laisser entre ces mêmes blocs un vide de $1^m 00$ environ pour faciliter la manœuvre au moment de leur enlèvement.

D'une manière générale et alors que le bateau remorqueur n'est point sur place, un signal parti du haut de l'embarcadère annonce le complément de la charge d'un chaland, et le remorqueur vient aussitôt pour en opérer le transport sur le lieu d'emploi ou sur la jetée, suivant qu'il s'agit d'effectuer l'immersion par mer et d'une manière directe ou par voie de terre, en utilisant le couronnement de la digue déjà construite.

Immersion des blocs artificiels par terre.

Il serait superflu d'entrer dans de longs détails au sujet de ce dernier mode d'immersion, attendu qu'il est en tout semblable au système décrit déjà pour l'immersion des blocs naturels par voie de terre. Il suffira de rappeler sommairement qu'en pareil cas les blocs sont conduits sous l'embarcadère établi contre la jetée, et que de là ils sont hissés et disposés sur des wagons établis sur une voie ferrée et transportés sur le lieu d'emploi au moyen d'une locomotive.

Ce mode d'immersion, qui n'a été employé du reste que pour les blocs naturels, présente des inconvéniens dont les auteurs de l'installation ont apprécié toute l'importance. Par exemple, lorsque la locomotive est arrivée au point où le bloc doit être immergé, son action s'arrête là; il faut alors que des hommes munis de pinces et de crics soulèvent le bloc pour le faire rouler le long du talus de la jetée. Cette opération, on le conçoit sans peine, ne peut pas s'effectuer avec une grande régularité, c'est-à-dire qu'il n'est pas toujours possible d'obtenir que la masse, ainsi soulevée et poussée avec violence, vienne prendre la place qui lui était assignée.

Dans la pratique, il arrive souvent que les blocs projetés roulent dans une direction opposée à celle qu'on aurait intérêt de leur donner, et souvent aussi ces blocs rencontrent dans leurs courses des obstacles contre lesquels il viennent se briser.

Pour éviter ces inconvénients dont l'importance eût été bien plus grande pour les blocs artificiels, on a organisé un appareil tout-à-fait spécial, au moyen duquel les blocs sont placés, pour ainsi dire, à la main.

Pl. L. LI et LII. Grande mâture fixe pour la pose des blocs artificiels.

Cet appareil désigné par ses auteurs sous le nom de *grande mâture fixe à vapeur* diffère essentiellement de la mâture pivotante employée pour l'immersion des blocs naturels. Cette dernière mâture rend certainement de très-grands services; mais elle serait impuissante à manœuvrer des blocs de 10 mètres cubes et surtout à placer ces blocs sur des points parfaitement déterminés. On a donc pris le parti, pour compléter l'installation d'une manière rationnelle et pour ne pas mettre au service des blocs naturels un instrument dont la puissance excéderait les besoins de l'opération, de construire, avec destination spéciale, un appareil d'une force et d'une précision capables de réaliser la plus grande somme de travail et dans les meilleures conditions possibles.

La grande mâture fixe est placée sur un ponton dont la longueur est de 27 mètres environ. Elle se compose d'abord de deux fortes bigues de 15 mètres de longueur, fixées chacune contre la proue du ponton et reliées par une forte traversine. L'inclinaison de ces bigues est déterminée par une projection verticale de 7 mètres, et leur direction en plan est disposée de manière à les faire concourir vers leurs extrémités supérieures où elles sont solidement reliées et fixées par un chapeau. Ces bigues sont retenues dans cette position par des haubans fixés au chapeau et à l'arrière du ponton; ce système de mâture est complété par deux jambes de force attachées aux bigues et posées dans une rainure pratiquée sur chacun des côtés du ponton et ayant 0m 50 environ de jeu dans sa longueur. Ce point d'appui a été ainsi déterminé, afin que dans le mouvement de l'avant à l'arrière et réciproquement produit par la tension des haubans au moment de la charge et de la décharge, les jambes de force puissent agir efficacement dans les deux sens.

Sur le ponton et à l'arrière se trouve placé un treuil à vapeur de MM. Girard et Guinier ayant pour objet de mettre en mouvement un autre treuil semblable à ceux qui sont placés sur les appontements, et sur le tambour duquel s'enroule et se déroule la chaîne de suspension.

Cette chaîne accrochée à un moufle attaché au chapeau qui relie les bigues est conduite horizontalement sur le tambour du treuil au moyen d'une poulie de renvoi placée entre les deux bigues et retenue par de fortes cordes qui sont amarrées sur la traversine et sur la jambe de force.

Telle est dans son ensemble la composition de cet appareil qui ne se meut pas sur lui-même, mais qui remplit absolument les fonctions d'une grue mobile.

Quant au mouvement du ponton, il est ordonné au moyen d'un système de touage déterminé par deux grands câbles amarrés à chacune de leurs extrémités sur les blocs déjà immergés et sur des bouées qui sont mouillées à une distance de 50 mètres environ du bord de la jetée et espacées entr'elles d'une trentaine de mètres.

Les câbles de touage sont ensuite amenés sur deux petits treuils à manivelles placés vers le milieu et sur les bords du ponton, de telle sorte qu'au moyen de deux hommes on peut à volonté faire avancer ou éloigner le ponton et même lui faire prendre la position la plus convenable pour effectuer l'immersion ou la pose du bloc suspendu au moufle.

Voici du reste comment s'accomplit l'immersion au moyen de la grande mâture fixe.

Naturellement le ponton est placé d'avance sur le point le plus rapproché du lieu où l'immersion doit être effectuée; les amarres sont combinées de manière que le chaland chargé amené par le remorqueur puisse se placer entre la jetée et le ponton.

Dès que celui-ci est convenablement placé, c'est-à-dire lorsque le premier bloc est sous la projection du moufle de la grue, on s'empresse d'accrocher ce bloc, et pendant qu'il est hissé par le treuil on retire le chaland, afin que celui-ci ne fasse pas obstacle au mouvement du ponton qui est toué vers la digue. Arrivé au point déterminé, le treuil agissant en sens contraire du premier fait descendre le bloc, et là, comme pour les blocs naturels, un homme lui fait prendre la position qu'il doit définitivement occuper.

Pendant cette manœuvre qui n'est pas de longue durée, les hommes du chaland amarrent le second bloc, et dès que le ponton a repris sa place primitive, on fait avancer le chaland sous la grue et ainsi de suite.

Des observations faites avec soin ont démontré que la durée de l'immersion d'un bloc par le moyen indiqué ci-dessus, était de 20 minutes environ, que par un temps calme on pouvait mettre en place jusqu'à 31 blocs dans une journée et qu'en moyenne on pouvait compter sur 25 blocs par jour.

Le personnel nécessaire pour l'ensemble de l'opération est de 10 hommes, dont un mécanicien et un chauffeur. La machine à vapeur établie sur le ponton use en moyenne 225 kilogrammes de charbon par jour. Il est donc facile de se rendre compte du prix de revient par mètre cube en ce qui concerne l'immersion des blocs artificiels dont le volume est invariablement de 10 mètres cubes.

CHAPITRE XVIII.

Mur de quai au moyen de blocs artificiels ; ancien et nouveau mode d'exécution.

L'installation nouvelle organisée en vue seulement d'établir la grande jetée du large du bassin Napoléon ayant produit des résultats très-avantageux, on a eu la pensée d'en étendre l'application et d'utiliser les procédés mis en œuvre dans l'entreprise pour simplifier l'opération relative à la construction des quais.

On s'est demandé si, disposant d'un matériel susceptible de transporter et de poser suivant des indications précises les blocs artificiels construits comme moyen de défense, on ne pourrait pas employer ces mêmes blocs pour fonder les quais.

La question posée dans ces termes était presque résolue d'avance. Il s'agissait seulement de procéder avec ordre et méthode, afin d'éviter les fausses manœuvres et de retirer le meilleur parti de tout ce dont on disposait.

Pour pouvoir comparer d'une manière fructueuse le nouveau système de fondation de quais avec ce qui se pratiquait avant, il est nécessaire de faire précéder la description du nouveau système d'un rappel indiquant les moyens d'après lesquels ont été établis les quais du bassin de la Joliette terminés il y a quelques années seulement.

Ancien mode d'exécution des quais de la Joliette.

Les quais de la Joliette, fondés sur le terrain naturel dans l'intérieur et sur les enrochements du côté de la jetée du large, ont été soutenus d'une manière générale par un massif de béton coulé dans un encaissement que l'on avait disposé de la manière suivante :

Deux rangs de pieux ou montants espacés en longueur de 2 mètres d'axe en axe et en largeur de 3 mètres environ, étaient enfoncés, soit dans le sol naturel, soit dans les enrochements de manière à obtenir un vide de 5 mètres de profondeur à partir du niveau de la mer.

Ces pieux ou montants étaient reliés entr'eux par un double cours de moises, dans le fond et sur la partie située au-dessus de l'eau; des palplanches jointives étaient placées dans les coulisses que formaient les moises et enfoncées dans le sol. Ce système de vannage était complété par l'addition d'une toile goudronnée couvrant toutes les parois de l'encaissement. Cette toile, fixée au-dessus de l'encaissement, était retenue au fond avec des sacs de béton que l'on faisait glisser contre les palplanches. On obtenait par ce moyen un encaissement assez régulier et à l'abri du mouvement extérieur de l'eau. Ces dispositions prises, on immergeait le béton en se servant de caisses demi-cylindriques en tôle s'ouvrant suivant un plan diamétral et dont la capacité variait de un tiers à deux tiers de mètre cube. Le béton ainsi coulé et battu successivement par couches était élevé jusqu'au niveau de l'étiage et c'est sur ce massif ainsi formé que venait reposer le mur de quai proprement dit.

Sans vouloir en quoi que ce soit amoindrir le mérite de ceux qui ont imaginé et suivi ce mode de fondation, il est permis de dire qu'il présentait dans son application des inconvénients de diverse nature que l'on pouvait bien atténuer en partie, mais desquels il était impossible de s'affranchir.

Le premier de ces inconvénients c'était le temps qu'exigeait l'établissement de ces immenses encaissements sur des rochers dont la position ne se prête pas toujours à un battage de pieux, ou sur un fond variant entre le rocher et la vase.

Comme dépense, l'inconvénient était tout aussi grave; il est facile de comprendre tout ce qu'un pareil travail, exécuté en quelque sorte en mer, exigeait de bois et de main-d'œuvre.

Enfin, comme résultat, l'opération laissait aussi à désirer. Quelque soin que l'on mît dans l'immersion du béton, il y avait toujours un lavage au moment de l'ouverture des caisses, de sorte que le mortier formant la base perdait une partie essentielle de sa vertu.

Des recherches faites il y a peu de temps ont démontré en effet que les couches inférieures présentaient des désagrégations de nature à compromettre la stabilité des quais établis sur des fondations en béton coulé.

Il serait inutile de pousser plus loin la critique de l'ancien moyen; chaque constructeur trouvera dans sa propre expérience des objections qui ne peuvent trouver place dans un ouvrage purement descriptif.

Le nouveau mode de construction des quais, mis en œuvre déjà pour les bassins des Docks, consiste dans la substitution de blocs superposés au massif de béton immergé sur place. Là est tout le fond du système : plus de battage de pieux, plus de palplanches ni de toile goudronnée, en un mot, plus d'encaissement; érection directe d'un mur composé de parties dont le volume et la forme se prêtent à des combinaisons de nature à former une assiette parfaitement stable pour l'établissement des quais. Nouveau mode d'exécution des quais. Quais du bassin Napoléon et du bassin des Docks-Entrepôts.

Les blocs employés pour fondation ont une longueur de 3m 40, une largeur de 2m 00 et une hauteur de 1m 50, ce qui correspond à un cube de 10 mètres. Pl. LIII.

Ils sont disposés dans le sens de leur plus grande dimension, afin de donner au mur une épaisseur de 3m 40.

Inutile de dire que, ainsi que cela se pratique pour les blocs destinés aux enrochements, on a soin, dans la fabrication, de ménager des rainures sur les faces latérales et sur le lit de pose pour l'emplacement des chaînes qui doivent servir soit à les transporter au lieu d'emploi, soit à les poser avec précision.

On conçoit qu'une opération de cette nature ne puisse être exécutée avec la certitude du succès que tout autant qu'on dispose pour la première assise d'un lit de pose parfaitement dressé. Rarement le sol naturel présente tout d'abord les conditions voulues; il est donc nécessaire de le préparer préalablement.

Cette préparation exige l'emploi de divers procédés suivant la nature du sous-sol et suivant aussi la situation de celui-ci par rapport au niveau des basses mers.

L'expérience a démontré cependant que toutes les variétés possibles étaient renfermées dans les 3 cas suivants :

1° Lorsque le fond naturel se trouve plus bas que la cote 7m 50 au-dessus des basses mers;

2° Lorsque ce même fond est plus haut que la cote 7m 50;

3° Lorsqu'on rencontre le rocher au-dessus de la cote 6m;

Pour expliquer les indications qui précédent, il faut dire d'abord qu'on a admis en principe que la fondation des quais serait établie sur un fond résistant, et à une profondeur de 6m 00 en contre-bas des basses mers, de telle sorte que dans le cas le plus général quatre assises de blocs ayant chacune 1^m 50 d'épaisseur puissent faire la hauteur juste. Cette détermination une fois prise, il fallait nécessairement y subordonner tous les détails se rattachant à la préparation du sol.

Dans le premier cas, c'est-à-dire lorsque le fond naturel est plus bas que la cote 7^m 50, on construit une digue sous-marine en enrochement de moëllons et de blocs naturels, ayant 8 mètres de largeur en couronne avec des talus à 45°. L'arasement de cette digue est fait au moyen d'une couche de pierrailles ou de débris de carrière, dressée suivant un plan ayant une pente de 0^m 05 par mètre du côté de l'intérieur. Cet arasement a lieu à la cote de 6^m au-dessous des basses mers. Ce cas est celui qui se présente dans la construction du mur de quai de la grande jetée du large du bassin Napoléon (Pl. IV, fig. 2.)

Quand le fond n'atteint pas la profondeur indiquée ci-dessus, et que le terrain est vaseux, on procède par voie de dragage, de manière à pouvoir établir la digue sous-marine suivant les dimensions indiquées pour le premier cas.

On comprend qu'ici la règle ne soit pas invariable : bien certainement, lorsque le fond est suffisamment résistant, on se borne à faire un simple enrochement et à araser sa partie supérieure suivant un plan bien dressé à la cote de 6^m. En d'autres termes, la digue sous-marine n'a d'autre but que de limiter l'emploi des blocs artificiels tout en leur assurant une assiette solide. Donc, lorsque le fond est parfaitement résistant et qu'il ne lui manque qu'une faible hauteur pour atteindre la cote 6^m 00, le dragage deviendrait une opération superflue.

Reste le cas où le fond étant en roches, sa partie supérieure s'élève au-dessus de la cote réglementaire de 6^m 00. Ici encore il n'y a pas de règle absolue. Si le fond ne dépasse que de quelques centimètres la hauteur voulue, on fait un écrétement au moyen de mines sous-marines, et lorsqu'au contraire le dépassement approche de la hauteur de la première assise, on supprime celle-ci, et l'on arase le rocher de fondation au moyen de béton de ciment coulé entre deux vannages suivant l'ancien système.

Il faut ajouter que la grande mâture fixe affectée à l'immersion des blocs artificiels est d'un grand secours pour bien préparer le lit de pose de la première assise. Le moyen est assez ingénieux pour qu'on s'y arrête un instant.

L'on sait par la description qui en a été faite, que ce puissant appareil est susceptible de tenir en suspension un énorme bloc en béton pesant plus de 20,000 kilogrammes. On sait aussi que par suite des dispositions des moufles dans lesquels passent les câbles de suspension, le bloc, avec une force comparativement légère, obéit à un mouvement horizontal. On a donc cherché à utiliser cet appareil pour faire disparaître les aspérités qui pourraient exister dans le fond et aussi pour consolider, par un premier tassement, le premier lit de pose. A cet effet, après avoir armé la mâture d'un fort bloc bien dressé, on fait avancer l'appareil et l'on descend le bloc suspendu à la profondeur du couronnement de la digue sous-marine ou du sol naturel : lorsque celui-ci se trouve à la hauteur voulue, on imprime au bloc un mouvement horizontal, et, dans ce mouvement, celui-ci écrase ou chasse les obstacles en saillie sur le plan qu'il détermine.

Dans les premiers temps cette opération présentait quelques difficultés; mais la louable persistance des auteurs de l'installation a vaincu tous les obstacles. Aujourd'hui que les travailleurs employés à cette partie de l'opération connaissent parfaitement leurs rôles, et que tous les moyens accessoires leur ont été donnés, la manœuvre se fait avec la plus grande régularité et d'une manière parfaite.

Il faut ajouter aussi que le scaphandre, dont tous les constructeurs connaissent l'efficacité dans les ouvrages sous-marins, est ici d'un emploi indispensable, soit pour la préparation du premier lit de pose, soit pourla pose des blocs suivant les alignements déterminés.

Il serait superflu d'entrer dans de nouveaux détails en ce qui concerne le transport et la pose des blocs destinés à la fondation des quais, le procédé étant identique à celui qui a été indiqué pour l'immersion des blocs artificiels par voie de mer. Il suffira de dire, ce que du reste tout le monde a pu pressentir déjà, que les blocs sont superposés de manière à ce que les joints se recoupent comme dans un appareil régulier, c'est-à-dire sur la moitié de leur largeur.

Avant de terminer ce chapitre il paraît à propos de faire connaître les observations qui ont été faites en cours d'exécution sur ce nouveau mode de fondation des quais, et sur les moyens qui ont été employés pour obvier aux inconvénients que l'on a remarqués.

On s'est aperçu d'abord que des tassements très sensibles se produisaient lorsque les assises des blocs reposaient sur la digue sous-marine dont il a été parlé ci-dessus. D'une manière générale on a constaté que ce tassement atteignait jusqu'à 0^{m} 20.

L'épaisseur des blocs étant uniformément et rigoureusement de 1^{m} 50, la superposition de quatre assises ne pouvait donner que 6 mètres : il s'en suivait donc qu'après le tassement la partie supérieure de la dernière assise n'était plus qu'à la cote de 5^m 80. On était conduit alors à araser cette dernière assise à la hauteur déterminée pour le mur du quai au moyen d'une couche de béton de ciment d'une épaisseur égale au tassement, ce qui était très-onéreux parce qu'on était encore sous l'eau. On a imaginé alors un moyen beaucoup plus simple et qui a parfaitement réussi. Voici ce moyen :

Au lieu d'araser le couronnement de la digue sous-marine à la cote de 6^m 00, ainsi que l'indique le projet, on a porté cette hauteur à 5^m 80 seulement, en relevant la digue de 0^m 20. Les blocs sont alors posés comme d'usage, et, arrivé à la dernière assise, on charge celle-ci de deux autres assises placées provisoirement pour tenir compte du poids des maçonneries du mur de quai. Lorsqu'on s'aperçoit que le tassement sous cette charge accidentelle s'est produit en entier et que le niveau du lit supérieur des fondations a été ramené au niveau des basses mers, on enlève les blocs placés provisoirement et l'on établit les murs de quai avec la certitude de n'avoir plus à redouter le moindre tassement.

On a remarqué aussi que l'exécution des remblais derrière les assises des blocs de fondation avait pour effet de pousser ceux-ci en dehors de l'alignement suivant lequel ils avaient été placés. Cette circonstance devenait fort embarrassante pour l'établissement des murs de quai dont les maçonneries suivaient naturellement le mouvement des blocs sur lesquels elles reposaient. Pour arrêter ce mouvement, on a pris le parti de construire derrière les blocs une sorte de massif d'enrochements arasé au niveau des basses mers incliné à 45°, et contre lequel viennent s'appuyer les remblais en terre. Dès ce moment la poussée a cessé d'agir sur les blocs, et il y a une stabilité complète.

Quoique la construction des quais proprement dits ne présente rien de particulier, puisqu'elle est complètement indépendante de la question de fondation, il semble naturel cependant de compléter la description de cette partie si importante de l'ouvrage, en donnant des indications sur la manière dont ces murs de quais sont établis.

Lorsque le massif des fondations a atteint toute la stabilité désirable, par les moyens indiqués ci-dessus, on nivelle le lit supérieur au niveau des basses mers par voie de déroctement des parties saillantes et d'arasement au béton de ciment des parties basses pour recevoir la première assise de pierre de taille.

Les deux premières assises, présentant ensemble une hauteur de 0m 90, sont placées en retraite de 0m 20, sur l'arête extérieure des fondations et avec un fruit de 1/20. Au-dessus de ce point il y a une nouvelle retraite de 0m 20, et le parement, avec un fruit égal à la partie inférieure, s'élève ainsi jusqu'à la cote 2m 40 au dessus du niveau de la mer.

A son point d'établissement l'épaisseur du mur, construit par derrière en maçonnerie ordinaire avec mortier hydraulique, est de 2m 82. Du côté des remblais la maçonnerie est élevée verticalement.

Le parement du mur de quai est en pierre froide provenant des carrières de Cassis, petite ville située sur le littoral et à 3 lieues au sud de Marseille. Les assises situées au-dessous de la couverte ne peuvent pas avoir moins de 0m 80 de longueur, et, du reste, ces longueurs sont combinées de manière à ce que les joints verticaux se découpent de 0m 25 dans les cas les plus défavorables.

Elles s'engagent sous la maçonnerie ordinaire alternativement de 0m 40 à 0m 60 et forment ainsi carreaux et boutisses sur l'appareil réduit de 0m 50. Ces assises sont rustiquées entre ciselures en leurs parements vus et retournées rigoureusement d'équerre en leurs lits et joints sur 0m 20 au moins à la pose. Les joints et les lits ne présentent pas plus de 0m 008 d'épaisseur.

La couverte ou soit les pierres formant le couronnement de quai proviennent également des bancs calcaires de Cassis : ce sont en général des pierres de choix. Elles forment parpaing sur une largeur de 1m 00. Elles sont bouchardées en leurs parements vus et présentent en projection horizontale des joints courbes de 0m 04 de flèche, terminés par des parties droites de 0m 08 de longueur. Leur face supérieure est dérasée suivant une pente transversale de 0m 03, et l'arête extérieure est arrondie en quart de rond de 0m 08 de rayon. Elles sont, du reste, comme les pierres de bas appareil, posées à bain de mortier et sans interposition de cales. Quant à l'épaisseur des joints verticaux et horizontaux, l'on est plus rigoureux pour les pierres de couverte que pour les autres parties des quais : en général, la tolérance ne va pas au-delà de 0m 006.

SÉRIE DES PRIX

AFFECTÉS A L'EXÉCUTION DES TRAVAUX

DU BASSIN NAPOLÉON.

N° 1.

Moëllons du poids de 5 kilogrammes à 100 kilogrammes.

	fr. c.
Le mètre cube pesant 2600 kilog. de moëllons du poids de 5 à 100 kilog., transporté et employé, sera payé.	7 00

N° 2.

Enrochements de 1re Catégorie, de 100 à 1300 kilogrammes.

	fr. c.
Le mètre cube pesant 26000 kilog. d'enrochements de première catégorie, du poids de 100 kilog. à 1300 kilog., transporté et employé, sera payé. . .	9 48

N° 3.

Enrochements de 2e *catégorie de* 1300 *kilogrammes à* 3900 *kilogrammes.*

	fr. c.
Le mètre cube pesant 26000 kilog. d'enrochements de deuxième catégorie, du poids de 1300 kilog. à 3900 kilog., transporté et employé, sera payé. . .	11 24

N° 4.

Enrochements de 3e *catégorie de* 3900 *kilogrammes et au-dessus.*

	fr. c.
Le mètre cube pesant 26000 kilog. de blocs de troisième catégorie, de 3900 kilog. et au-dessus, transporté et employé, sera payé.	13 24

N° 5.

Blocs artificiels transportés par terre ou par mer.

	fr. c.
170 kilog. de chaux à 3 fr. la tonne (non compris la valeur de la chaux) pour frais de pesage, transport de la gare aux divers ateliers de fabrication et emmagasinage	0 51
0 45 cubes de sable à 5 fr.	2 25
1 00 cube de galets à 3 fr. 50 c.	3 50
Fabrication jusqu'après le démontage des caisses, compris frais d'installation et petites caisses pour rainures.	3 00
Lavage, transport et immersion, compris frais de matériel	3 00
Frais généraux 1/20	0 61
	12 87
Bénéfice 1/10	1 28
Prix du mètre cube	14 15

Nota : La chaux étant payée au fournisseur à raison de 28 francs la tonne, le prix du mètre cube de béton, toutes fournitures comprises, revient à 18f 91.

SÉRIE DES PRIX

DES MACHINES, WAGONS, ENGINS ET AUTRES APPAREILS,

EMPLOYÉS DANS L'INSTALLATION DES CHANTIERS.

N° 1.

Sous-détail du prix du mètre courant de la grande jetée du bassin Napoléon avec une profondeur d'eau de 17m 50c, non compris le mur d'abri, le mur de quai et la chaussée pavée, et déduction faite du vide dans les enrochements.

PLANCHE IV.

m. c.		fr. c.
142 81	cubes de moëllons à 7f.	999 67
214 22	cubes d'enrochements de la 1re catégorie à 9f 48.	2030 80
142 81	cubes d'enrochements de la 2me catégorie à 11f 24.	1605 18
142 81	cubes d'enrochements de la 3me catégorie à 13f 24.	1890 80
90 00	cubes de béton pour blocs artificiels à 18f 91.	1701 90
	Prix du mètre courant.	8228 35

N° 2.

Sous-détail du prix d'un mètre courant de galerie pour les mines-monstres du Frioul.

PLANCHE VII, fig. 1re.

	fr. c.
6 journées de mineur avec son aide payés ensemble à raison de 7 fr.	42 00
5 kilog. de poudre de mine à 2f 50 le kilog. . . .	12 50
Frais d'outils et d'huile.	5 50
Prix du mètre courant.	60 00

N° 3.

Sous-détail du prix d'un jeu de bigues, employé au commencement des travaux pour soulever les gros blocs naturels.

PLANCHE VIII.

	fr. c.
340 kilog. de fer pour 40 mètres de longueur des chaînes des palans à 100f les 0/0 kilog.	340 00
150 kilog. de fer pour les chaînes servant à braquer les blocs à 100f les 0/0 kilog.	150 00
200 kilog. de fer pour les haubans à 45f les 0/0 kilog.	90 00
205 kilog. de fer pour un palan à 150f les 0/0 kilog. .	307 50
30 kilog. de corde pour amarrer les bigues à 140f les 0/0 kilog	42 00
1m 10c cubes de bois rondins pour bigues à 65f le mètre	71 50
0m 30c de bois pour le cadre du treuil à 50f le mètre	15 00
5m 00 carrés de platelage pour le treuil à 4f le mètre.	20 00
600 kilog. de fer pour un treuil à 90f les 0/0 kilog.	540 00
Prix de revient d'un jeu de bigues. . .	1576 00

N° 4.

Sous-détail du prix d'un appontement fixe pour l'embarquement des blocs naturels sur les chalands, au Frioul.

PLANCHE VIII, fig. 2, 3, 4 et 5.

	fr. c.
65m 00c cubes de bois à 120f le mètre cube, mis en place.	7800 00
2 treuils avec leur cadre à raison de 700f l'un. . . .	1400 00
1 palan 100 kilog. de fer à 130f les 0/0 kilog. . . .	130 00
14 mètres courants de chaîne pesant 189 kilog. à 90f les 0/0 kilog	170 10
2 essieux 400 kilog. de fer à 50f les 0/0 kilog. . .	200 00
4 boîtes à graisse pesant 30 kilog. à 50f les 0/0 kilog.	15 00
14 boulons pesant 32 kilog. à 80f les 0/0 kilog. . .	25 60
Prix de revient.	9740 70

N° 5.

Sous-détail du prix d'une grue à équilibre constant employée pour soulever les gros blocs naturels au Frioul.

PLANCHE IX, X, XI et XII.

	fr.	c.
Un treuil à vapeur de la force de 4 chevaux muni de sa chaudière et de ses accessoires, y compris les frais de posage.	8000	00
2121 kilog. de fonte ajustée à 0f 70c le kilog. . . .	1484	70
1528 kilog. de fer forgé ajusté à 1f 35c le kilog. .	2062	80
7000 kilog. de fonte pour le wagon à contre poids à 23f les 0/0 kilog.	1610	00
500 kilog. de fer pour chaînes et bragues à 1f le kilog.	500	00
2 palans en fer 205 kilog. à 1f 50c le kilog. . . .	307	50
Charpente en bois de sapin et chêne.	1035	00
Prix de revient.	15000	00

N° 6.

Sous-détail du prix d'un appontement à bascule pour l'embarquement des moëllons dans les chalands à clapet.

PLANCHE XIV.

	fr.	c.
18m 00c cubes de bois à 120f le mètre.	2160	00
0f 90c cubes de bois pour le tablier à 140f le mètre.	126	00
150 kilog. de fer pour boulons à 0f 70c le kilog. . .	105	00
60 kilog. de fer pour haubans à 1f le kilog.	60	00
Prix de revient.	2451	00

N° 7.

	fr.	c.
Un chaland neuf à clapet conforme au dessin de la planche XIV revient à.	17000	00

N° 8.

Sous-détail du prix d'un treuil nouveau modèle, employé sur les appontements pour l'embarquement des blocs naturels sur les chalands.

PLANCHE XV.

	fr. c.
500 kilog. de fer et fonte à 100f les 0/0 kilog. . . .	500 00
2 essieux pesant 200 kilog. la pièce à 0f 50c le kilog.	200 00
4 boîtes à graisse pesant 30 kilog. à 0f 50c le kilog	15 00
Un cadre en bois.	80 00
Prix de revient	795 00

N° 9.

Sous-détail du prix d'un treuil ancien modèle, employé sur les appontements pour l'embarquement des blocs naturels sur les chalands.

PLANCHE XVI.

	fr. c.
620 kilog. de fer ou de fonte à 100f les 0/0 kilog. .	620 00
2 essieux pesant 200 kilog. la pièce à 0f 50c le kilog.	200 00
4 boîtes à graisse pesant 30 kilog. à 0f 50c le kilog.	15 00
Un cadre en bois.	70 00
Prix de revient.	905 00

N° 10.

Sous-détail du prix d'une sonnette à déclic, manœuvrée au moyen d'un treuil à vapeur de MM. Girard et Guinier pour le battage des pilotis.

PLANCHE XVII.

	fr. c.
Treuil à vapeur.	3200 00
Chaudière et ses accessoires	2100 00
Tuyautage	170 00
Charpente, boulons, roues et essieux	980 00
Mouton, corde, déclic, bâche, poulie, cornières, etc.	1850 00
	8300 00

N° 11.

Sous-détail du prix d'un mètre courant de chemin de fer de 1 m 40 c de voie pour le transport des blocs naturels des carrières aux appontements.

PLANCHE XVIII.

	fr.	c
2 traverses en bois de chêne 0, 13 mètre cube à 140f le mètre	18	20
2 coins en bois de chêne à 0f 25c l'un	0	50
100 kilog. de fer pour rails à 40f les 0/0 kilog.	40	00
2 coussinets pesant ensemble 30 kilog. à 32f les 0/0 kilog.	9	60
4 chevillettes à 0f 25c l'une	1	00
Prix de revient	69	30

N° 12.

Sous-détail du prix d'une plaque tournante à galets pour le changement des voies.

PLANCHE XIX.

	fr.	c.
240 kil. de fer pour plaque et rayons à 1f 35c le kil.	324	00
140 kilog. de fonte à 0f 70c le kilog.	98	00
13 kilog. de fer pour 24 boulons, un pivot et une rondelle à 1f 35c le kilog.	17	55
24 kilog. 50 c. de fonte pour une crapaudine à 0f 70c le kilog	17	15
22 kilog. de fer pour 2 rails avec rivets à 1f 35c le kilog.	29	70
9m de platellage en madriers à 6f le mètre	54	00
Creusement de la fosse et mise en place	75	00
Prix de revient	615	40

N° 13.

Sous-détail du prix d'un mètre courant de pont volant pour le service des approvisionnements des pierres cassées destinées à la fabrication du béton.

PLANCHE XXII.

0 63 de bois de charpente pour la partie inférieure

	fr. c.
du pont y compris le quart du cube d'un chevalet à 80f 00c le mètre cube.	50 40
10 kilog. de fer pour boulons à 1f le kilog.	10 00
44 kilog. de rail à 40f les 0/0 kilog	17 60
2 coussinets pesant ensemble 12 kil. à 32f les 0/0 kil.	3 84
4 chevillettes à 0f 25c l'une.	1 00
2 coins en bois de chêne à 0f 25c l'un.	0 50
0 40 de bois de charpente pour la partie supérieure du pont y compris le tiers d'un chevalet à 80f le mètre cube.	32 00
8 kilog. de fer pour boulons à 1f.	8 00
1m de chemin de fer comme ci-dessus.	22 94
TOTAL.	146 28

N° 14.

Sous-détail du prix d'une grue à vapeur pour le débarquement de la pierre cassée

PLANCHE XXIII et XXIV

	fr. c.
La nouvelle société des forges et chantiers de la Méditerranée ayant ses bureaux à Marseille, rue St-Ferréol, 51, a fait payer aux entrepreneurs des travaux du bassin Napoléon pour la fourniture et la pose de cette grue la somme de.	14500 00

N° 15.

Sous-détail du prix du Hangar pour l'installation de la machine fixe servant à la fabrication du mortier.

PLANCHE XXV.

	fr. c.
Mur en maçonnerie ordinaire 216m cubes à 12f 50. .	2700 00
Charpente pour toiture 9m 00 cubes de bois à 80f l'un.	720 00
Couverture en tuiles 161m 00 carrés à 9f l'un. . . .	1449 00
Boiserie	150 00
Serrurerie	80 00
Fondation de la machine et fourneaux 31m 50c cubes de maçonnerie de briques à 50f 00 le mètre. . .	1575 00
A reporter.	6674 00

	fr.	c.
Report.	6674	00
Cheminées : 16^{m} 80 cubes de maçonnerie de briques à 80^{f} le mètre.	1344	00
Accessoires intérieurs	482	00
Prix de revient.	8500	00

N° 16.

Sous-détail du prix de la machine à vapeur fixe pour la mise en mouvement des manéges à mortier, du balancier, de la noria et des bétonnières.

PLANCHE XXVI.

	fr.	c.
La nouvelle société des forges et chantiers de la Méditerranée ayant ses bureaux à Marseille, rue St-Ferréol, 51, a fait payer aux entrepreneurs des travaux du bassin Napoléon pour la fourniture et la pose de cette machine avec sa chaudière, ayant une force de quinze chevaux, la somme de . . .	15000	00

N° 17.

Sous-détail du prix d'un manége en fonte avec la transmission du mouvement pour la fabrication du mortier.

PLANCHE XXVII.

	fr.	c.
Un arbre de transmission pesant 750 kil. à 1^{f} 25 le kilog	937	00
Palier en fer recevant l'arbre de transmission 9 kilog. à 1^{f} 25^{c}.	11	00
Palier en fonte 100 kil. à 0^{f} 70^{c} le kilog	70	00
Palier en bronze 10 kil. à 5^{f} le kilog	50	00
Arbre vertical en fer 310 kilog. à 1^{f} 25 le kilog. . .	206	00
Disque recevant les essieux des roues, fonte 280 kilog. à 0^{f} 70^{c} le kilog	196	00
Croisillon en fer 4 kilog. à 1^{f} 25^{c} le kilog.	5	00
id. en fonte 277 kilog. à 0^{f} 70^{c} le kilog. . . .	194	00
id. en bronze 12 kilog. à 5 francs.	60	00
Une auge complète en fer 37 kilog. à 1^{f} 25^{c} le kilog.	50	00
A reporter.	1779	00

	fr.	c.
Report.	1779	00
Une auge complète en fonte 3100 kilog. à 0f 70c. .	2170	00
id. id. en bronze 7 kilog. à 5 francs. .	35	00
4 Essieux en fer 300 kilog. à 1f 35c le kilog. . . .	405	00
3 Roues en fer 550 kilog. à 1f 35c le kilog.	742	00
Un dragueur en fer 90 kilog. à 1f 35c le kilog. . .	121	00
3 Roues en fonte 170 kilog. à 0f 70c le kilog. . . .	119	00
Un racloir en fer 90 kilog. à 1f 35 le kilog.	121	00
Frais de pesage.	500	00
Prix de revient.	5992	00

N° 18.

Sous-détail des aires supérieures et inférieures de l'installation des manèges pour la fabrication du mortier.

PLANCHE XXVII, XXVIII et XXIX.

	fr.	c.
21m 50 cubes de bois de charpente pour le chassis inférieur à 80f le mètre	1720	00
85 kilos de fer pour boulons à 1f le kilog.	85	00
43m 50 cubes de bois de charpente pour les montants, jambes de force, tablier supérieur et garde-fou à 80f le mètre	3464	00
250 kilog. de fer pour boulons à 1f le kilog	250	00
58 mètres courants de rails pesant 1936 kilog. à 40f les 0/0 kilog.	774	40
88 Coussinets pesant 528 kilog. à 32f les 0/0 kilog.	168	96
176 Chevillettes à 0f 25c l'une.	44	00
88 Coins en bois de chêne à 0f 25c l'un.	22	00
Prix de revient.	6528	36

N° 19.

Sous-détail du prix d'un wagon pour le transport du sable destiné à la fabrication du béton.

PLANCHE XXX.

	fr.	c
950 kilos de fer et de fonte à 80f les 0/0 kilog.. . .	760	00

N° 20.

Sous-détail du prix de la romaine pour la descente des wagons vides de l'aire supérieure des manèges à mortier.

PLANCHE XXXI.

	fr.	c.
12m 75 cubes de bois de charpente à 80f 00c le mètre.	1020	00
Un treuil en fer et fonte.	200	00
Un arbre en fer pesant 200 kilog. à 1f le kilog. . .	200	00
Deux coussinets pesant 64 kilog. à 45f les 0/0 kilog.	28	80
Fer pour chaînes, boulons et liens 400 kilog. à 1f le kilog..	400	00
Prix de revient	1848	80

N° 21.

Sous-détail du prix d'un balancier à vapeur pour le service des matériaux sur l'aire supérieure.

PLANCHE XXXII.

	fr.	c.
16m 00c de bois de charpente à 80f le mètre. . . .	1280	00
Un cylindre à vapeur pesant 2500 kilog. à 1f 50c le kilog..	3750	00
Un piston pesant 500 kilog, à 1f 50 le kilog.	750	00
Une bielle en fer 580 kilog. à 1f 50c le kilog. . . .	870	00
Un arbre en fer pour balancier pesant 450 kilog. à 1f le kilog.	450	00
Deux coussinets pesant 80 kilog. à 45f les 0/0 kilog.	36	00
Fer pour tiges, chaînes, guides, liens et boulons 900 kilog. à 1f le kilog.	900	00
Prix de revient.	8036	00

N° 22.

Sous-détail du prix d'un wagon à trois compartiments pour le transport du mortier servant à la fabrication du béton.

PLANCHE XXXIII.

	fr.	c.
1600 kilos de fer et fonte à 1f le kilog.	1600	00

N° 23.

Sous-détail du prix d'un wagon pour la pierre cassée servant à la fabrication du béton.

PLANCHE XXXIV.

	fr. c.
800 kilos de fer et de fonte à 1f le kilog.	800 00

N° 24.

Sous-détail du prix d'un cylindre manipulateur ou bétonnière servant à la fabrication et au transport du béton.

PLANCHE XXXV.

	fr. c.
1120 kilos de fer à 1f 25c le kilog.	1400 00

N° 25.

Sous-détail du prix d'un chariot supportant les bétonnières sur la voie moyenne de l'installation.

PLANCHE XXXVI.

	fr. c.
330 kilos de fer et de fonte à 1f le kilog.	330 00

N° 26.

Sous-détail du prix d'une caisse-moule pour la construction des blocs artificiels.

PLANCHE XXXVI.

	fr. c.
2m50 cubes de bois de charpente à 80f 00c le mètre.	200 00
40 kilos de fer pour tirants à 1f le kilog	40 00
Prix de revient.	240 00

N° 27.

Sous-détail du prix du chariot à vérins pour le soulèvement des blocs et leur transport sur la voie d'embarquement.

PLANCHE XXXVII, XXXVIII, XXXIX et XL.

	fr. c.
17000 kilos de fer et de fonte, y compris le poids d'une machine à vapeur de huit chevaux à 1f le kilog.	17000 00

N° 28.

Sous-détail du prix d'un chariot tournant pour le transport des blocs sur les chalands.

PLANCHE XLI.

	fr. c.
350 kilos de fer et de fonte, y compris les galets et la plaque à 1f le kilog.	350 00

N° 29.

Sous-détail du prix de l'embarcadère établi à l'extrémité de la voie d'embarquement pour le transport des blocs sur les chalands.

PLANCHES XLII et XLIII.

	fr. c.
24 Pilotis doublés en zinc, cubant ensemble 27m à 120f le mètre.	3240 00
53 mètres cubes de bois de charpente à 80f le mètre.	4240 00
880 kilo. de fer forgé et ajusté à 1f le kilog. . . .	880 00
550 kilos de fer pour chaînes à 1f 25c le kilog. . .	687 50
72 mètres courants de rails, pesant ensemble 3600 kilog. à 40f les 0/0 kilog.	1440 00
72 Coussinets en fonte, pesant ensemble 1080 kilog. à 32f les 0/0 kilogr.	345 00
144 Chevillettes à 25c.	36 00
72 Coins de bois de chêne à 0f 25c.	18 00
Prix de revient.	10886 50

N° 30.

Sous-détail du prix de la machine fixe établie sur l'embarcadère pour le hallage du chariot-tournant et pour le chargement des blocs sur les chalands.

PLANCHES XLIV et XLV.

	fr. c.
Une machine à vapeur de la force de huit chevaux à 1000f par cheval.	8000 00

N° 31.

Sous-détail du prix d'un treuil à double engrenage placé sur l'embarcadère pour soulever et déposer les blocs sur les chalands.

PLANCHES XLVI et XLVII

	fr. c.
Une machine à vapeur de la force de six chevaux à 1000f l'un.	6000 00
Un treuil pesant 1600 kilog. à 0f 60c le kilog. . .	960 00
Prix de revient.	6960 00

N° 32.

Sous-détail du prix d'un chaland à mâture-pivotante pour l'immersion des blocs naturels.

PLANCHES XLVIII et XLIX.

	fr. c.
Un chaland supportant la mâture.	11000 00
2me chaland lié au précédent pour le rendre stable. .	7000 00
Treuil à vapeur de la force de six chevaux.	6000 00
Plaque tournante 380 kilog. à 1f 50c le kilog. . .	570 00
Chaînes et poulies 200 kilog. à 1f 50c le kilog. . .	240 00
Mâture 2m 50c de bois de charpente à 80f le mètre.	200 00
Prix de revient.	25010 00

N° 33.

Sous-détail du prix de la grande mâture-fixe pour la mise en place des blocs artificiels du côté du large de la grande jetée.

PLANCHES L, LI et LII.

	fr. c.
12m de bois de charpente à 80 francs l'un.	960 00
Un treuil à vapeur de la force de six chevaux. . . .	6000 00
Un treuil avec son tambour pesant 2500 kilog. à 80f le kilog.	2000 00
600 kilos de fer pour chaînes, poulies, etc., à 1f 25c le kilog.	750 00
Prix de revient	9710 10

N° 34.

Sous-détail du prix d'un wagon pour le transport par terre des blocs naturels et artificiels.

PLANCHE LIV.

	fr. c.
Roues et essieux 600 kilog. à 0f 50c le kilog.	300 00
Cadre en bois de chêne.	53 00
Prix de revient.	353 00

N° 35.

Sous-détail du prix de la locomotive entraînant les wagons pour l'immersion par terre des blocs naturels et artificiels.

PLANCHE LV.

	fr. c.
Une locomotive de la force de huit chevaux vapeur à 1000f par cheval.	8000 00

TYPE GÉNÉRAL

DES DEVIS ET CAHIER DES CHARGES

RELATIFS

A LA CONSTRUCTION DES JETÉES.

CHAPITRE PREMIER.

Indications Générales des Travaux et dimensions principales.

1° *Jetée en enrochements naturels.*

Les enrochements en blocs naturels seront disposés de manière à former une jetée dont le couronnement, arasé à la cote de deux mètres (2m 00) au-dessus des basses-mers, présentera une largeur de sept mètres. On suppose que ces enrochements, eu égard au mode d'exécution qui sera suivi, prendront un talus de un et un tiers de base pour un de hauteur.

2° *Revêtements en blocs artificiels.*

A la profondeur de dix mètres au-dessous des basses-mers, et du côté extérieur, la jetée profilée, ainsi qu'il vient d'être dit, recevra un élargissement en blocs naturels de six mètres soixante-sept centimètres, permettant d'arrêter à la cote de dix mètres la profondeur à laquelle atteindront les blocs artificiels employés au revêtement extérieur.

Les blocs artificiels de dix mètres cubes chacun, employés au revêtement du talus extérieur de la jetée du large, seront disposés de manière à présenter, au niveau des basses-mers, une épaisseur de dix mètres, mesurés horizontalement. On suppose que ces blocs prendront, au-dessous des basses-mers, un talus de quarante-cinq degrés jusqu'à la profondeur de dix mètres, où ils seront arrêtés par les enrochements naturels, ainsi qu'il a été dit ci-dessus. Au-dessus des basses-mers, le talus sera de trente-six centimètres. Les blocs les plus élevés seront en moyenne à trois mètres quatre-vingts centimètres au-dessus des basses-mers.

3° *Elargissement de la Jetée.*

Le talus intérieur de la jetée sera rechargé de manière à permettre plus tard, dans la partie correspondante au bassin proprement dit, l'exécution d'un quai de trente mètres de largeur, avec un mur en avant, fondé à cinq mètres au-dessus des basses-mers, sur les enrochements. Ces enrochements seront amenés, du côté de l'intérieur, à présenter un talus de un et demi de base pour un de hauteur et une risberme en avant du mur du quai, de un mètre cinquante centimètres. Dans la partie correspondante à l'avant-port, attendu qu'il ne sera point fait de mur de quai, un rechargement des enrochements aura lieu de manière à permettre plus tard de donner une largeur de dix mètres à la chaussée en avant du mur d'abri.

CHAPITRE II.

Mode d'Exécution.

1° *Indications Générales.*

Le talus extérieur de la digue en enrochements ordinaires, faisant partie de la jetée du large, devra, au fur et à mesure de l'avancement de cette digue, être revêtu à l'aide de blocs artificiels, de manière à ne présenter au choc immédiat des vagues que la moindre longueur possible, sans revêtement.

2° *Enrochements.*

Les enrochements en blocs naturels seront divisés en différentes catégories, d'après leur grosseur, conformément à la classification ci-dessous :

Moëllons..... de 5 à 100 kilogrammes.
1re Catégorie de 100 à 1,300 »
2me » de 1,300 à 3,900 »
3me » de 3,900 kilogrammes et au-dessus.

Des prix différents seront affectés à chaque catégorie. Le poids moyen des blocs des différentes catégories devra atteindre, pour la première classe, trois cent cinquante kilogrammes; pour la deuxième, deux mille deux cents kilogrammes et pour la troisième, cinq mille kilogrammes. Des vérifications seront faites, à cet effet, au moyen des contrôles de pesage et l'administration aura la faculté de faire passer aux époques par elle déterminées, d'une classe à une classe immédiatement inférieure, le nombre des blocs nécessaires pour que le poids moyen de cette classe atteigne les différences désignées ci-dessus.

La proportion à établir entre les fournitures de blocs de différentes catégories, sera sensiblement la suivante :

Moëllons..... 2/9.
1re Catégorie 3/9.
2me Catégorie 2/9.
3me Catégorie 2/9.

Les blocs des différentes catégories occupent autant que possible dans l'exécution de la jetée les positions respectives indiquées dans le profil joint au présent projet. Les moëllons seront employés dans le fond, et pour l'élargissement de la jetée du large, côté intérieur; les blocs de première catégorie envelopperont les moëllons, et seront, à leur tour, enveloppés par les blocs de deuxième et troisième catégories.

3° *Blocs artificiels.*

Les blocs artificiels employés au revêtement du talus extérieur de la jetée, seront exécutés en béton, avec mortier, composés de chaux hydraulique du Theil et sable. Ils cuberont dix mètres et auront la forme d'un parallélipipède rectangle, dont les dimensions seront de trois mètres quarante centimètres, deux mètres et un mètre cinquante centimètres. Ces blocs seront immergés soit par terre, soit par mer. Tous ceux employés depuis la cote de dix mètres jusqu'à celle de deux mètres et au-dessous des basses-mers, seront exclusivement immergés par mer. Depuis cette cote de deux mètres jusqu'au niveau des basses-mers, on lancera, par le même moyen, ceux qu'il sera possible d'immerger, eu égard à l'état des eaux.

Pour rendre possible le jet des blocs artificiels par terre, une certaine quantité d'enrochements ordinaires sera nécessaire. Ces enrochements devront être au moins de la deuxième catégorie; tous ceux inférieurs à cette catégorie, que l'entrepreneur emploiera, devront être repris par lui comme nuisibles, et immergés avec les enrochements ordinaires, sans rétribution aucune pour cette main-d'œuvre.

Le béton sera formé de deux parties de pierres cassées en volume, pour une partie de mortier.

Le mortier sera composé de cinq parties de sable pour trois de chaux en poussière, sans tassement aucun. Il sera exclusivement fabriqué à l'aide de manéges, mettant en mouvement trois roues pesantes, dans des auges circulaires.

Les pierres cassées seront employées lorsque le mortier sera terminé. Cette incorporation sera faite avec des rabots à dents et sur des aires en planches, disposées à cette effet, ou au moyen de cylindres manipulateurs, dits *bétonnières*.

Les frais d'établissement et de déplacement des chantiers sont en entier à la charge de l'entrepreneur.

Les blocs seront faits dans des caisses-moules formées de quatre cloisons en charpente, pouvant se détacher. La fabrication sera précédée de l'établissement de deux petites caisses-moules, pour ménager à une distance de cinquante centimètres des deux extrémités de la face intérieure des blocs, des rainures rectangulaires de quinze centimètres, destinées à faciliter les manœuvres de soulèvement. Ces caisses-moules d'une longueur de deux mètres, égale à la longueur des blocs, seront formées de trois planches.

Le damage sera fait avec le plus grand soin; il y aura deux dameurs dans chaque caisse et, dans aucun cas, ces dameurs ne pourront damer plus de deux blocs par jour. Le damage sera effectué par couches successives de trente centimètres. Les blocs demeureront entourés de leurs caisses pendant tout le temps nécessaire pour que le béton acquière un commencement de solidification. Ce temps ne sera jamais inférieur à trois jours.

Les blocs ne seront immergés qu'après avoir acquis une dureté suffisante.

On suppose que ceux par mer pourront l'être au bout de trois mois, et ceux par terre au bout de six mois.

Les blocs seront soulevés par des systèmes de verins isolés, au nombre de quatre, et au moyen de chaînes engagées dans les rainures ménagées, comme il est indiqué ci-dessus, à la hauteur nécessaire pour permettre l'installation de chemins de fer mobiles et le passage des wagons qui doivent en assurer le transport.

Les blocs ainsi soulevés et placés sur un wagon seront amenés, à l'aide d'un chemin de fer mobile, sur un second wagon roulant sur un chemin de fer fixe, au moyen duquel les blocs devant aller par mer seront conduits en face de la cale d'embarquement, et ceux devant aller par terre en face du chemin établi sur le couronnement même de la jetée.

Les wagons qui recevront les blocs devant être transportés par mer seront surmontés de glissoires dont le but sera de faciliter le passage des wagons aux traîneaux par l'intermédiaire desquels les blocs descendront sur les cales, pour être suspendus au radeau à flotteur, qui le transportera au lieu d'immersion.

Tous les frais que comporteront la fabrication et l'immersion des blocs artificiels, conformément aux prescriptions indiquées, seront à la charge de l'entrepreneur.

Tout bloc tombé dans le port, soit par suite d'un coup de mer, soit par suite de fausses manœuvres, sera retiré par les soins et aux frais de l'entrepreneur.

Tout bloc qui n'aura pas été immergé au point indiqué par l'agent préposé à la surveillance du jet des blocs, sera rayé des registres et sera enlevé par l'entrepreneur, s'il est un obstacle à la navigation.

Tout bloc, cassé en deux ou trois morceaux pendant le lançage, et dans lequel on trouverait un défaut de damage, ne sera payé qu'au prix des enrochements de deuxième catégorie; il ne sera rien payé pour les morceaux qui seraient au dessous de 0^{m} 50. Dans tous les cas, la valeur de la chaux dans les blocs sera déduite à l'entrepreneur à raison de cent soixante dix kilogrammes par mètre cube de béton.

CHAPITRE III.

Qualité des Matériaux et mise en œuvre.

1° *Enrochements*.

Les blocs naturels seront extraits de rochers parfaitement durs et sains. Ils seront dépourvus de tout découvert, partie tendre ou argileuse. Ils proviendront, en général, des carrières du Frioul.

Ces blocs, transportés par mer, seront pesés à des bascules établies par les soins de l'administration; le cube, dont il sera tenu compte à l'entrepreneur, s'obtiendra en divisant les poids exprimés en kilogrammes constatés aux bascules, par le coëfficient invariable de deux mille six cents kilogrammes (2,600.)

Les wagons employés au transport des blocs de la carrière aux embarcadères seront exclusivement chargés d'une seule catégorie d'enrochement. Le chargement complet d'un wagon sera toujours rangé dans la catégorie du plus faible échantillon qu'il contiendra.

Les chalands affectés au transport des enrochements seront munis de tubes de jaugeage, permettant de contrôler les poids obtenus par les bascules. Le chargement d'un chaland sera exclusivement formé de blocs de même catégorie, à l'exception des blocs de deuxième et troisième catégories, qui peuvent faire partie d'un même chargement.

L'emploi des enrochements devra être fait conformément aux instructions transmises par l'agent préposé à la surveillance de cette opération. Les blocs de plus belle dimension seront toujours employés aux parties extérieures de la jetée.

Le partie supérieure des jetées exécutées à l'aide de blocs transportés par wagons sera formée exclusivement avec des blocs de deuxième et troisième catégories, sauf ceux nécessaires pour l'établissement des chemins de fer. Un transbordement des chalands sur les wagons sera nécessaire pour l'exécution de cette partie supérieure. Le jet des blocs sera fait avec les précautions convenables, en affectant toutes les manœuvres nécessaires pour qu'ils soient arrangés le mieux possible et conformément aux ordres de service qui seront donnés.

L'agent de l'administration aura le droit de déduire le chargement de tout wagon dont l'emploi aurait été effectué contrairement aux instructions transmises. Il pourra également faire rayer tout ou partie d'un chargement de chaland dont l'emploi aurait été mal fait.

Chaque chaland sera accompagné d'un bulletin de chargement formé par la récapitulation des pesées successives des wagons qui auront concouru à le charger. Ce bulletin mentionnera en outre les lignes de jaugeage auxquelles aura successivement correspondu la flottaison du chaland vide et du chaland entièrement chargé.

Le bulletin de chargement sera remis à l'agent préposé à la surveillance du lançage à la mer, et le déchargement ne pourra être opéré qu'après l'accomplissement des mesures jugées nécessaires pour s'assurer que le chargement est exactement conforme aux indications de la feuille d'expédition. Les retards résultant de cette vérification ne pourront devenir, en aucun cas, des éléments de réclamations.

Les wagons employés et les chalands de transport seront munis de numéros très-apparents. L'administration aura le droit d'imposer les conditions qui lui paraîtront les plus convenables pour effectuer le jaugeage des chalands de transport; les frais qui en résulteront seront à la charge exclusive de l'entrepreneur.

Des vérifications seront faites également, aux frais de l'entrepreneur, toutes les fois qu'elles seront jugées nécessaires.

L'entrepreneur sera admis à prendre connaissance des états récapitulatifs de pesage qui seront soumis à son acceptation. Il pourra exiger la vérification des ponts à bascules.

Dans tous les cas, aucune réclamation relative à l'exactitude des pesées ne pourra s'appliquer, pour quelque motif que ce soit, à des emplois d'enrochements constatés dans un délai de plus de huit jours avant l'époque où la réclamation aura été présentée.

L'application des prix de la série aux emplois d'enrochements constatés conformément aux conditions qui précèdent, constituera le règlement unique et définitif de l'entreprise, sans qu'il puisse être réclamé d'indemnité ou de dédommagement, à quelque titre que ce soit.

Une prime d'assurance concernant la conservation de tout le matériel, l'entretien et la réparation des ouvrages facilitant l'embarquement, a été comprise dans le prix d'estimation, et, par une dérogation formelle aux termes de l'article 26 des clauses et conditions générales, les évènements de mer et autres cas de force majeure, bien que régulièrement constatés, ne pourront donner lieu à aucune demande d'indemnité.

2° *Chaux.*

La chaux proviendra de la calcination du calcaire éminemment hydraulique du Theil (Ardèche). Elle sera livrée blutée ou vive par les soins de l'administration

Dans le premier cas, la livraison sera effectuée sous les hangars de la gare maritime du chemin de fer, aussitôt que celle-ci sera en état de fonctionnement et, en attendant, sous ceux de la gare actuelle Dans le second cas, la livraison aura lieu au pied des fours qui seront établis dans un rayon de trois kilomètres du lieu d'emploi.

Dans les deux cas, les frais de pesage, le chargement sur charrettes, le transport du lieu de livraison au lieu d'emploi et d'emmagasinage, seront à la charge de l'entrepreneur.

L'emploi de la chaux demeure spécialement affecté aux travaux stipulés dans le présent devis, et il ne pourra en être détourné aucune quantité, pour des ouvrages qui y seraient étrangers. Du reste, l'entrepreneur en demeure responsable, d'après cette base qu'il entrera par mètre cube de béton cent soixante-dix kilogrammes (170) de chaux vive.

Chaque livraison effectuée par le fournisseur spécial de la chaux, en présence d'un agent de l'administration et de l'entrepreneur, sera acceptée par ce dernier, pour établir sa responsabilité.

3° *Sable.*

Le sable sera pur et grenu. Il proviendra des plages situées entre Bandol et Hyères, aux abords de Toulon. Les provenances d'autres lieux d'extraction ne pourront être tolérées que lorsque leur qualité aura été reconnue équivalente. Le sable fin de Montredon est spécialement interdit.

4° Mortier.

Le mortier sera fabriqué, à la volonté de l'entrepreneur, soit à l'eau douce soit à l'eau de mer.

5° Pierres cassées.

Les pierrailles devant entrer dans la composition des blocs artificiels proviendront de pierres vives, cassées en fragments assez petits pour pouvoir passer dans un anneau de six centimètres de diamètre intérieur, et assez volumineux pour ne pouvoir passer dans un anneau de trois centimètres. Ces pierres devront être purgées de toute matière argileuse, terreuse et débris de cassages.

Pour cela faire elles devront toutes être lavées, en passant sous un robinet donnant de l'eau sous une charge suffisante.

CHAPITRE IV.

Conditions Spéciales.

1° Augmentation possible du cube prévu pour les enrochements.

Indépendamment des enrochements prévus pour l'exécution de la jetée du large dont le cube s'élève, suivant le détail estimatif, à sept cent six mille neuf cent vingt mètres (706,920 ^{m}) l'Administration se réserve la faculté de faire exécuter aux mêmes conditions les enrochements qui seront reconnus nécessaires pour compléter l'abri du bassin projeté, et dont l'importance peut être évaluée à cent soixante huit mille sept cent vingt mètres (168,720^{m}) ce qui fait un total général de huit cent soixante-quinze mille six cent quarante mètres (875,640)

2° *Activité pour les enrochements naturels et artificiels.*

La rapidité de la marche des travaux sera réglée d'après la quotité des fonds disponibles et l'Entrepreneur sera tenu de se conformer à tous les ordres qui lui seront donnés à cet égard.

3° *Matériel.*

Le matériel nécessaire, soit pour les blocs naturels, soit pour les blocs artificiels, dont l'importance peut être fixée au chiffre de deux millions environ, sera fourni en entier par l'Entrepreneur.

Des à-comptes seront délivrés sur la valeur du matériel nécessaire pour l'entreprise. Ces à-comptes d'une nature spéciale, ne seront délivrés qu'autant que les différentes parties du matériel satisfaisant d'une manière complète à leur destination, auront été vérifiées par l'Ingénieur chargé de la surveillance des travaux, et intégralement payées aux fournisseurs.

Le montant de ces à-comptes correspondra aux deux tiers de la valeur du matériel. Ils ne pourront s'élever, toutefois, dans aucun cas, à une somme supérieure à quatorze cent mille francs, pour l'ensemble de l'entreprise.

Il est d'ailleurs particulièrement spécifié que ces à-comptes seront délivrés à titre d'avances dont le matériel sera le gage.

La reprise partielle en sera faite au fur et à mesure de l'avancement des travaux, dans la proportion des travaux exécutés à la masse entière des obligations de l'Entreprise.

Cette reprise sera complète à la fin de l'adjudication.

4° *Retenue en garantie.*

La retenue en garantie sera au maximum de trois cent mille fr. (300,000)

5° *Certificat de capacité.*

Les Entrepreneurs qui voudront concourir à l'adjudication des travaux, qui font l'objet du présent devis, devront être munis de certificats spéciaux à leur exécution, délivrés par l'Ingénieur ordinaire attaché au service maritime et visés par l'Ingénieur en chef.

6° *Pièces de moralité et de solvabilité.*

Les pièces tendant à établir l'aptitude, la solvabilité et la moralité des Entrepreneurs devront être adressées à l'Ingénieur ordinaire à une époque pouvant permettre d'en vérifier l'exactitude avant l'adjudication.

Le délai pour la production de ces pièces est fixé à huit jours, au moins, avant l'adjudication, pour les Entrepreneurs ayant exécuté depuis moins d'un an des travaux dans le département des Bouches-du-Rhône, et à quinze jours pour les Entrepreneurs étrangers.

7° *Conditions générales.*

L'Entrepreneur sera soumis :

1° Aux clauses et conditions générales jointes à la circulaire du vingt-cinq août mil huit cent trente-trois, en tout ce à quoi il n'est pas spécialement dérogé par le présent devis ;

2° Aux dispositions de l'arrêté de M. le Ministre des travaux publics, à la date du quinze décembre mil huit cent quarante-huit, relatif aux secours à accorder aux ouvriers ou à leurs familles, en cas d'accident, ainsi qu'aux modifications qui y ont été apportées par la circulaire du vingt-deux octobre mil huit cent cinquante-un ;

3° Enfin, aux prescriptions contenues dans la circulaire du vingt mars mil huit cent quarante-neuf et dans celle du dix novembre mil huit cent cinquante-un, concernant l'interdiction du travail pendant le dimanche et les jours fériés.

INDICATION DES PLANCHES.

PLANCHE I.	Plan général de la rade de Marseille et des nouveaux quartiers projetés par la Ville.
PL. II.	Vue des carrières des Iles du Frioul, prise après l'explosion de la mine-monstre tirée en avril 1857, en présence du Grand-Duc Constantin de Russie.
PL. III.	Vue du chantier des blocs artificiels, prise d'Arenc en juin 1858, époque où ce chantier était en pleine activité.
PL. IV.	Sections de la grande jetée du large du Bassin Napoléon, en cours d'exécution.
PL. V.	Plan des carrières des Iles du Frioul.
PL. VI.	Plan de la mine-monstre tirée, en avril 1857, en présence du Grand-Duc Constantin.
PL. VII.	Profils de la galerie de la mine-monstre.
PL. VIII.	Type d'un jeu de bigues employé au commencement des travaux pour soulever les gros blocs naturels.
PL. IX.	Plan de la grue à équilibre constant employée pour soulever les gros blocs naturels.
PL. X.	Coupe de la grue à équilibre constant.
PL. XI.	Plan du treuil à vapeur mettant en mouvement la grue à équilibre constant.
PL. XII.	Coupes du treuil à vapeur.
PL. XIII.	Vue et coupe de l'installation d'un chantier pour l'embarquement des blocs naturels.
PL. XIV.	Appontement à bascule pour l'embarquement des moëllons dans les chalands à clapet.

PL. XV. Nouveaux modèles de treuils employés sur les appontements pour l'embarquement des blocs naturels dans les chalands.

PL. XVI. Ancien modèle de ces treuils.

PL. XVII. Sonnette à déclic manœuvrée au moyen du treuil à vapeur pour le battage des pilotis.

PL. XVIII. Type d'une installation de voies ferrées pour le transport des blocs naturels de la carrière aux appontements.

PL. XIX. Type d'une plaque tournante à galets pour le changement des voies.

PL. XX. Plan de la grande jetée du large du Bassin Napoléon.

PL. XXI. Plan du chantier des blocs artificiels.

PL. XXII. Indication de la manœuvre pour le débarquement des pierres cassées destinées à la fabrication du béton.

PL. XXIII. Plan et élévation principale de la grue à vapeur pour le débarquement de la pierre cassée.

PL. XXIV. Elévation latérale de la grue à vapeur.

PL. XXV. Installation de la machine fixe servant à toute l'installation.

PL. XXVI. Machine à vapeur fixe pour la mise en mouvement des manéges à mortier, du balancier, de la noria et des bétonnières.

PL. XXVII. Plan de l'aire supérieure de l'installation des manéges pour la fabrication du mortier.

PL. XXVIII. Plan de l'aire inférieure de la même installation.

PL. XXIX. Coupes indiquant les manœuvres de la fabrication du béton et de la confection des blocs.

PL. XXX. Wagon pour le transport du sable destiné à la fabrication du mortier.

PL. XXXI. Romaine pour la descente des wagons vides de l'aire supérieure des manéges à mortier.

PL. XXXII. Balancier à vapeur pour le service des matériaux sur l'aire supérieure.

PL. XXXIII. Wagon à trois compartiments pour le transport du mortier servant à la fabrication du béton.

PL. XXXIV. Wagon pour le transport de la pierre cassée servant à la fabrication du béton.

PL. XXXV. Cylindre manipulateur ou bétonnière servant à la fabrication et au transport du béton.

PL. XXXVI. Chariot supportant les bétonnières sur la voie moyenne de l'installation et caisse-moule pour la construction des blocs.

PL. XXXVII. Élévation latérale du chariot à vérins pour le soulèvement des blocs et leur transport sur la voie d'embarquement.

PL. XXXVIII. Coupe longitudinale du chariot à vérins.

PL. XXXIX. Élévation et coupe transversales du chariot à vérins.

PL. XL. Plan du même chariot à vérins.

PL. XLI. Chariot tournant pour le transport des blocs sur la voie d'embarquement.

PL. XLII. Plan de l'Embarcadère établi à l'extrémité de la voie d'embarquement pour le transport des blocs sur les chalands.

PL. XLIII. Élévation du même embarcadère.

PL. XLIV. Plan de la machine fixe établie sur l'embarcadère pour le hallage du chariot tournant et pour le chargement des blocs sur les chalands.

PL. XLV. Élévation de la même machine fixe.

PL. XLVI. Plan et élévation du treuil à double engrenage, placé sur l'embarcadère pour soulever et déposer les blocs sur les chalands.

PL. XLVII. Coupe et élévation du treuil à double engrenage.

PL. XLVIII. Plan de l'assemblage d'un chaland plat avec la mâture pivotante pour l'immersion des blocs naturels.

PL. XLIX. Élévation de la mâture pivotante.

PL. L. Plan de la grande mâture fixe pour la pose des blocs artificiels.

PL. LI. Élévation de la mâture fixe.

PL. LII. Installation du chaland à grande mâture fixe pour la mise en place des blocs artificiels du côté du large de la grande jetée.

PL. LIII. Profil longitudinal de la grande jetée, indiquant l'immersion des blocs par terre, au commencement des travaux, et exécution des murs de quai avec des blocs artificiels.

PL. LIV. Wagon plat pour le transport par terre des blocs naturels et artificiels.

PL. LV. Locomotive entraînant les wagons pour l'immersion par terre des blocs naturels et artificiels.

FIN.

TABLE DES MATIÈRES.

INTRODUCTION.

PAGES.

SECTION PREMIÈRE.

ANALYSE SOMMAIRE DE L'ENTREPRISE RELATIVE A LA CONSTRUCTION DE LA JETÉE DU LARGE DU BASSIN NAPOLÉON.

CHAPITRE Ier.

Indication générale des travaux

CHAPITRE II.

Mode d'exécution des travaux.

CHAPITRE III.

Importance des travaux.

SECTION DEUXIÈME.

DÉTAILS RELATIFS A L'EXPLOITATION DES BLOCS NATURELS ET A LEUR EMBARQUEMENT SUR LES CHALANDS.

CHAPITRE IV.

Etablissement des chantiers.

CHAPITRE V.

Des grandes mines.

CHAPITRE VI.

Chargement des blocs naturels.

CHAPITRE VII.

Embarquement des blocs naturels.

CHAPITRE VIII.

Transport des blocs naturels.

SECTION TROISIÈME.

FABRICATION DES BLOCS ARTIFICIELS ET EMBARQUEMENT DE CES BLOCS SUR LES CHALANDS.

CHAPITRE IX.

Disposition générale du chantier des blocs artificiels.

CHAPITRE X.

Approvisionnement des matériaux.

CHAPITRE XI.

Confection du mortier.

CHAPITRE XII.

Fabrication du béton.

CHAPITRE XIII.

Confection des blocs artificiels.

CHAPITRE XIV.

Transport et embarquement des blocs artificiels.

SECTION QUATRIÈME.

TRANSPORT ET IMMERSION DES BLOCS DE TOUTE NATURE. — NOUVEAU SYSTÈME DE QUAIS.

CHAPITRE XV.

Description détaillée du profil d'exécution de la grande jetée du large. — Position respective des blocs de différente nature et de diverses catégories.

CHAPITRE XVI.

Transport par mer des blocs naturels. — Chalands plats et chalands à clapet. — Immersion des moëllons. — Immersion des blocs, voie de terre. — Appontements. — Wagon-locomotive. — Immersion des mêmes blocs, voie de mer. — Mâture pivotante à vapeur.

CHAPITRE XVII.

Transport par mer des blocs artificiels. — Immersion par terre. — Immersion par mer. — Grande mâture fixe à vapeur.

CHAPITRE XVIII.

Mur de quai au moyen des blocs artificiels. — Ancien et nouveau mode d'exécution.

SÉRIE DES PRIX

AFFECTÉS A L'EXÉCUTION DES TRAVAUX DU BASSIN NAPOLÉON.

SÉRIE DES PRIX

DES MACHINES, WAGONS, ENGINS ET AUTRES APPAREILS EMPLOYÉS DANS L'INSTALLATION DES CHANTIERS.

TYPE GÉNÉRAL

DES DEVIS ET CAHIER DES CHARGES RELATIFS A LA CONSTRUCTION DES JETÉES.

CHAPITRE Ier.

CHAPITRE II.

CHAPITRE III.

FIN DE LA TABLE.

www.ingramcontent.com/pod-product-compliance
Ingram Content Group UK Ltd.
Pitfield, Milton Keynes, MK11 3LW, UK
UKHW020144200726
13856UKWH00003B/836